ENSAIO SOBRE O PROCESSO DA COLONIZAÇÃO E DA EDUCAÇÃO

BRASIL E EUA – A FASE DE UM MESMO PROCESSO HISTÓRICO

Catalogação na Fonte
Elaborado por: Josefina A. S. Guedes
Bibliotecária CRB 9/870

E746e
2024

Escobar, Oscar Edgardo N.
Ensaio sobre o processo da colonização e da educação: Brasil e EUA: a fase de um mesmo processo histórico / Oscar Edgardo N. Escobar. - 1. ed. - Curitiba: Appris, 2024.
134 p. ; 23 cm. - (Educação, tecnologias e transdisciplinaridade).

Inclui referências.
ISBN 978-65-250-5429-2

1. Educação. 2. História. 3. Colonização. I. Título. II. Série.

CDD - 370

Livro de acordo com a normalização técnica da ABNT

Appris editora

Editora e Livraria Appris Ltda.
Av. Manoel Ribas, 2265 - Mercês
Curitiba/PR - CEP: 80810-002
Tel. (41) 3156 - 4731
www.editoraappris.com.br

Printed in Brazil
Impresso no Brasil

Oscar Edgardo N. Escobar

ENSAIO SOBRE O PROCESSO DA COLONIZAÇÃO E DA EDUCAÇÃO

BRASIL E EUA – A FASE DE UM MESMO PROCESSO HISTÓRICO

FICHA TÉCNICA

EDITORIAL	Augusto Coelho Sara C. de Andrade Coelho
COMITÊ EDITORIAL	Marli Caetano Andréa Barbosa Gouveia - UFPR Edmeire C. Pereira - UFPR Iraneide da Silva - UFC Jacques de Lima Ferreira - UP
SUPERVISOR DA PRODUÇÃO	Renata Cristina Lopes Miccelli
PRODUÇÃO EDITORIAL	Miriam Gomes
REVISÃO	Josiana Araújo Akamine
DIAGRAMAÇÃO	Bruno Ferreira Nascimento
CAPA	Eneo Lage

Dedico este livro à Izabel, minha esposa, com carinho, admiração e gratidão por sua compreensão e incansável apoio ao longo do processo de elaboração deste trabalho, possibilitando, assim, que ele chegasse ao termo. Também, a todos os profissionais da Editora Appris que produziram a materialização deste projeto.

Como sabemos, na fase ascendente de seu desenvolvimento o sistema de capital era imensamente dinâmico e, em muitos aspectos, também positivo. Somente com o passar do tempo — que trouxe objetivamente consigo a intensificação dos antagonismos estruturais do sistema do capital — este se tornou uma força regressiva perigosa.

(István Mészáros — O desafio e o fardo do tempo histórico)

Notas explicativas para o leitor e para a leitora

O trabalho aqui apresentado, com profundas alterações, forma parte e uma tese de doutoramento na área da história da educação do período colonial. Quando partimos para a elaboração de nossa tese acadêmica, o contexto histórico apresentava democracias estáveis e progressistas a nível internacional, quanto nacionais, com o decorrer do tempo, esse quadro se alterou substancialmente, projetando um cenário desfavorável para a maioria das sociedades, inclusive a nível internacional. Houve retrocessos nas administrações dos países ocidentais, contraditoriamente, emergiram as possibilidades de novas forças econômicas dominar essas novas circunstâncias históricas, principalmente as economias "emergentes" e orientais, nomeadamente a China e as áreas euroasiáticas. Assim, procurando atualizar os conhecimentos sobre esses novos eventos, viemos apresentar ao público um ensaio sobre a história do processo colonial e os aspectos educacionais: Brasil e EUA — a fase de um mesmo processo de forma a oportunizar reflexões e indagações desses tempos históricos. Nosso problema original foi investigar: "o que fundamentou a educação no processo colonial do último terço do século XIV?". Pois esse processo foi a matriz da nossa formação social, econômica e cultural. Cremos que esta leitura, como está, possibilita interesse a todos aqueles e aquelas que se interessam por essa área de estudos e conhecimentos.

SUMÁRIO

INTRODUÇÃO

Estimado leitor e leitora, este modesto livro é fruto de uma pesquisa maior, considerando que a produção de conhecimento deve ser tudo, menos sem propósito, representa o esforço em estudar e compreender melhor a história da educação no período colonial do século XV até nossos dias.

O Brasil faz parte da América Latina, e, de modo geral, poucos conhecem sobre a rica e complexa trajetória desse processo social. Nossas histórias correm simultâneas desde a colonização europeia, passando pelas independências políticas e da consolidação dos estados nacionais e alcançando os estágios de "países emergentes" no século XXI.

As atuais bases que caracterizam a produção, a economia globalizada e as políticas neoliberais produzem profundas implicações na sociedade em geral, e na educação em particular. O Brasil, da mesma forma que o restante da América latina, tem sua história pautada na tentativa de alcançar os países desenvolvidos, inicialmente a Europa, os EUA, e outros, de equiparar-se no que diz respeito aos "avanços conquistados" por esses países, o desenvolvimento, a modernização, a organização política, as políticas de inclusão social, a cidadania, entre outros. Nesse sentido, ao pensar a educação na construção de uma sociedade mais democrática, torna-se fundamental perceber que aspectos da atual conjuntura nacional e internacional têm que ser priorizados na ação educativa para que o acesso bem-sucedido ao conhecimento, à cultura, à tecnologia e à informação seja propiciador de formas organizadas de pensar, de intervenção ativa na sociedade, de compromisso com os valores de solidariedade, cooperação, democracia, entre outros. Portanto, ao tomar como objeto de estudo esse processo histórico, encontraremos neste estudo: no primeiro capítulo, abordaremos o processo da colonização no Brasil tendo como eixo transversal a discussão da educação; no segundo capítulo, encontraremos uma abordagem do processo da colonização da América do Norte pelo império britânico; no terceiro capítulo, encontraremos uma discussão sobre a potência econômica, científica e cultural que chega ao século XXI como uma força de organização social que não pode ser desconhecida ou ilibada; e, na última parte, encontraremos os apontamentos para as perspectivas e pesquisas em relação ao assunto tratado.

Na atualidade, vivemos um contexto de desencontros históricos, a ciência procura ser censurada ou relegada a procedimentos confusamente ideológicos ou pseudocientíficos, enquanto as formas de consciência social navegam em especulações inteiramente alheias à realidade humana. A naturalização da condição humana foi aplicada como uma lei infinita e sem possibilidade de sua transformação, tornou os homens semelhantes e indiferentes pelos destinos mútuos, e se admite com facilidade entender que nossa realidade é como deve ser; a utopia da transformação tornou-se inaplicável para o cidadão comum, dessa infinita e assustadora realidade emerge circunstâncias que desenham uma nova realidade e que favorecem ações para a emancipação humana na sua totalidade.

É preciso examinar de muito perto esse momento para compreendê-lo e participar ativamente nele, eis nosso ponto de partida. Nossa tese parte do princípio de que o desenvolvimento da sociedade moderna, isto é, a sociedade capitalista, é um processo que surge no último terço do século XIV, e a colonização forma parte daquilo que os historiadores denominam acumulação primitiva da sociedade burguesa; logo, esse sistema é uma forma transitória de organizar as relações humanas, e sua antítese histórica está operando diante de nossos olhos.

Boa leitura.

CAPÍTULO I

A UNIVERSIDADE NA AMÉRICA LATINA: A ESPECIFICIDADE DO BRASIL

A descoberta das terras do ouro e da prata, na América, o extermínio, a escravidão e o enfurnamento da população nativa nas minas, o começo da conquista e pilhagem... marcam a aurora da era da produção capitalista.

(Marx — A assim chamada acumulação primitiva)

A colonização: ascensão do modo de produção capitalista

A literatura nos revela que a história da educação, em nosso país, iniciou-se por volta do século XV, quando as empresas coloniais dos países ibéricos chegaram a esse novo continente. Os jesuítas representaram o início do ensino no Brasil, cabendo a eles introduzir a cultura da Europa aos povos autóctones. Por mais de 250 anos, especificamente até 1759, quando esses são expulsos, a educação esteve entregue exclusivamente a seu modelo.

O manual do *Ratio Studiorum* passou a ser um instrumento que organizava e orientava todas as atividades dos jesuítas, tanto na preparação da intelectualidade colonizadora, quanto na instrução, em um primeiro momento dos índios, e, posteriormente, dos escravos, mediante a catequese. O ingresso ao mundo de trabalho ocidental era o grande objetivo. Portanto, nesse contexto, a educação aparece como uma conotação estritamente econômica, ou seja, a força humana é direcionada para aumentar o cabedal mercantil, que era o referencial que movia as relações europeias à época.

É importante verificar que o contato entre o homem ocidental e as populações autóctones passou a ser não uma inter-relação entre culturas, mas a subordinação do último pelo primeiro.

Nos documentos em que foi descrita a descoberta da América, Colombo deixou entrever claramente o interesse que movimentava as viagens. Ao chegar ao litoral da América do Sul, onde pensava ser a Índia, colocou os objetivos encomendados da seguinte maneira: "E eu estava atento, me esforçando para saber se havia ouro e vi que alguns traziam um pedacinho pendurado [...] sugeri que fossem buscar" (COLOMBO, 1987, p. 87).

Quando as caravelas carregadas de ouro regressavam à Espanha, Colombo dizia à rainha Izabel, na linguagem franca da burguesia mercantil genovesa: "Ouro excelente, com ele se consegue tesouros e quem possuiu tesouros pode fazer o que quiser neste mundo, até levar as almas ao paraíso" (COLOMBO, 1987, p. 87).

Nos manuscritos do escrivão Pero Vaz de Caminha, o qual compunha a armada de Pedro Álvares Cabral, foram observados os mesmos interesses, porém, além dos metais preciosos, a exploração do trabalho indígena serviu para intensificar o comércio do Pau-brasil, que era considerado um empreendimento complementar, já que os portugueses eram exímios no tráfico de escravos, marfim, ouro e especiarias. Dessa forma, modelaram-se as relações que permitiram manter as empresas lisboetas. A esse respeito, Santos (2001) elaborou uma acertada definição na qual ele comenta que:

> A partir da segunda metade do século XVI que já se pode observar a presença dominante do sistema de escravidão em praticamente todos os centros econômicos coloniais, pois *"o índio, e mais tarde o negro", tanto no período da escravidão, como no período dos aldeamentos, era a mão de obra que sustentava todas as estruturas superiores da sociedade colonial.* (SANTOS, 2001, p. 17, grifos do autor).

A existência durante quatro séculos da escravidão demonstrou que o sistema colonial convergiu para um só objetivo: o de gerar riquezas para sustentação de uma metrópole aristocrática improdutiva (devido ao declínio da sociedade feudal). Um perspicaz historiador aponta uma observação interessante em relação à essa questão quando diz:

> Esse sistema econômico não podia criar um mercado interno porque nele não se podia verificar uma divisão social do trabalho. O trabalho era um só, a mercadoria uma só; fabricar açúcar. E assim permanecer por trezentos anos (BASBAUM, 1967, p. 37).

A colônia era a esfera direta e exclusiva do capital em suas várias fases de desenvolvimento, pois quanto mais avançava em termos mundiais no processo de expropriação e centralização de todos os meios de produção, transformando-os em capital, mais se acelerava a conversão de todos os produtores em produtores de mais-valia. Nessa evolução, a colônia tinha paradoxalmente o primado, pois era nela que o capital podia criar as condições ideais de produção, bem como legitimar o processo sócio-político e cultural que estava em curso.

Um estudioso desse período histórico, Fernando Novaes (1975), observa que o processo colonial

> [...] se apresenta como um tipo particular de relações políticas, com dois elementos: um centro de decisões (metrópole) e de outro (colônia) subordinando, relações através das quais se estabelece o quadro institucional para que a vida econômica da metrópole seja dinamizada pelas atividades coloniais (NOVAES, 1975, p. 8).

De fato, essa dinâmica econômica era essencial para a ascensão da burguesia no seu estágio mercantil, significando o enriquecimento ou a acumulação de capital de forma bastante segura. Portanto, pode-se inferir que a colonização veio reproduzir as relações sociais à imagem do capital, não é sem razão que um eminente historiador escrevesse em relação a esse período de nossa história: "Quem poderia então imaginar que se preparava a dominação do mundo por um novo Deus: o capital? Talvez Thomas More o pressentisse ao escrever a sua Utopia em 1516" (BEAUD, 1981, p. 23). Os métodos violentos com muita pouca propriedade, denominados *guerra justa*, utilizados contra as populações autóctones, para a expropriação de sua condição de vida, foram utilizadas com um objetivo central, o da produção da riqueza, isto é, produzir um excedente para o mercado europeu e central.

A centralização da propriedade fundiária, as Sesmarias[1], agiu como barreira intransponível para o produtor independente que quisesse estabelecer-se no Brasil e aqui refazer seu mundo anterior como na velha Europa.

O estado (metropolitano), o poder de elaborar leis, de manipulá-las ao bel prazer de uma classe, o uso legal e sancionado ideologicamente da violência, foram as premissas da colonização. É importante frisar que Portugal, nesse contexto, encontrava-se em uma acentuada crise, provocada por suas classes antagônicas historicamente, que eram a nobreza feudal e religiosa expressão de uma sociedade que tendia a desagregar-se, e a burguesia mercantil que necessariamente estava caminhando para produzir a

---

[1] O conceito deriva do latim, sexima, isto é, sexta parte. Era um lote de terra distribuído a um beneficiário, em nome do rei de Portugal, iniciou-se com a constituição das capitanias hereditárias em 1534, quando houve o processo de independência foi abolido, em 1822.

riqueza e não a obter por meio de ações fortuitas, como menciona um ilustre pesquisador e professor:

> Ademais, nobreza e Burguesia, embora tendo objetivos econômicos diversos comungavam do mesmo interesse expansionista. E como se revela inviável a expansão no âmbito do continente europeu, abria-se a alternativa da expansão ultramarina, para o que a posição geográfica de Portugal representava uma condição bastante vantajosa. (SAVIANI, 2010, p. 29).

Colonização e Catequese

A colonização do Brasil foi pensada e realizada em função da produção, para o enriquecimento da coroa e do estamento mercantil dominante. Não se abriam brechas de modo a se engrossarem as fileiras dos homens ricos: esses já vinham ricos do Reino e vinham para aumentar mais ainda sua riqueza. Os demais vinham ou se lhes acrescentavam para o seu serviço. Esse era o ponto de vista dos colonizadores. A lógica do empreendimento é transparente: o lucro, que se visava, só podia ser obtido por meio da grande produção concentrada em poucas mãos e realizada a custos baixos. Não havia, pois, lugar para muitos. Essa foi, em verdade, a história da colonização, já no século XVI: "Em fins dos 500 já havia colonos de 40, 50, e 80 mil cruzados de seu. Mais de cem colonos possuíam em 1584 de 1.000 a 5.000 cruzados de renda, e alguns de 8 a 10.000. Naturalmente, tal abastança exigia o esforço de dezenas e centenas de trabalhadores; condição necessária era, pois, uma ínfima minoria de colonos, formando grandes explorações. A luta do estamento mercantil, desde a primeira hora presente nas pessoas dos capitães latifundiários, consistia em manter uma sociedade fechada, reduzida a dois segmentos: os senhores e os outros. O esquema mesmo da colonização urgia tal ordens de coisas e não havia como modificar a situação sem que se desmoronasse toda a sua possibilidade. A Coroa não tinha condições práticas de proibir a caça ao índio e sua consequente escravidão, primeiro, porque havia necessidades urgentes de mão-de-obra abundante, o que Portugal não podia suprir, dada sua rala densidade populacional; segundo, porque a empresa, da qual era ela própria capitã, exigia mão-de-obra barata, ou, dados os objetivos da acumulação primitiva de capital, mão-de-obra escrava; terceiro, porque, não estando os índios do Brasil afeitos aos princípios estruturais da cultura e da sociedade portuguesa, nenhuma diferença fazia obriga-los a trabalhar por nada ou trabalhar por coisa pouca. Impunham os fatos a escravidão" (PAIVA, José Maria de. **Colonização e Catequese**. São Paulo: Autores Associados: Cortez, 1982. p. 31-32).

O que significou isso? É sabido que as relações capitalistas de produção nasceram com o trabalho livre e se nutriu dele. Isso se deu em um determinado nível de desenvolvimento social das forças produtivas quando a maior parte dos produtores destruídos de toda e qualquer riqueza particular, tendo somente como propriedade seus braços, vende o produto de seu trabalho em troca de sua subsistência. Esse pré-requisito encontrava-se amplamente desenvolvido nos países baixos, França e Inglaterra, no século XVI, principalmente com a aceleração e a expansão da manufatura. Nas colônias, o metabolismo social impede esse processo, porém a compulsão do trabalho torna-se o modo de obter-se o trabalhador.

Pertence a um estudioso deste período a seguinte afirmação:

> O índio do Brasil, no caso da colonização portuguesa, tornou-se objeto de ação social dos colonizadores, exigiu-se dele que colaborasse nessa obra. A colonização consistia, na prática do dia a dia, em derrubar o pau-brasil [...] no amanho da terra para o plantio da cana de açúcar, no trato do engenho. (PAIVA, 1981, p. 49).

Desde o início as atividades coloniais passaram a subordinar qualquer organização que não estivesse em consonância com seus interesses ou propósitos, assim, a questão dos indígenas era de mão de obra, a ideologia que objetivava a regeneração do "novo mundo" estava pautada apenas na acumulação e aplicação do capital que paulatinamente ia concentrando-se nas mãos da classe dominante colonizadora.

Carvalho (1978, p. 105) descreve que: "pelas condições particulares da América, os jesuítas, não puderam ser o que foram na Ásia, apenas missionários, foram também colonizadores".

Desse modo, destaca-se que a cristianização dos autóctones nada mais foi do que uma forma de obter a docilização do índio[2] para sua dominação a uma atividade regular e cotidiana, não é muito difícil encontrar as razões desse notável recurso, pois a única fonte que permite uma acumulação do cabedal está na capacidade de o trabalho social produzir um excedente.

A partir dos documentos da época, pode-se visualizar que a ação dos jesuítas se distingue muito mais pelo seu caráter colonizador e mercantil do que por uma ação simplesmente missionária ou pedagógica. O padre Manoel

---

[2] "O índio devia ser despossuído, proprietário apenas de sua força de trabalho, daí poder ser preso. Um raciocínio típico de cara-pálida" (REIS; GOMES, 2021, p. 184).

da Nóbrega, já nos cinco primeiros anos, instalou na Bahia, São Vicente (SP), Espírito Santo, Porto Seguro, Ilhéus e Olinda núcleos que difundiram a catequização aos ameríndios. Neste relato podemos observar como o padre Manoel de Nóbrega expressava essa realidade:

> Sujeitando-se o gentio, cessarão muitas maneiras de haver escravos mal havidos e muitos escrúpulos, porque terão os homens escravos legítimos, tomados em guerra justa, e terão serviço e vassalagem dos índios e a terra se povoará e Nosso Senhor ganhará muitas almas S. A. terá muita renda nesta terra, porque haverá muitas criações e muitos engenhos, já que não haja muito ouro e prata. (NÓBREGA, 1955, p. 279).

É importante frisar nessa passagem que se contornam todos os obstáculos escolásticos e legais e se dá razão ao empreendimento planejado, aceitando-se como princípio justo da "*escravidão legítima*" toda a estrutura da atividade colonial, bem como a formação social que servia de base. Esse fato definia as linhas de força do sistema mercantilista na sua conexão com a ascensão e expressão do capitalismo comercial europeu.

Na obra do bispo Domingo de Couto de Loreto, intitulada *Desagravos do Brasil e glória de Pernambuco*, nota-se a preocupação de se adequar aos princípios religiosos com a máxima exploração do trabalho compulsório, justificando que trabalhar nos domingos ou feriados santos não constituía pecado, para isso, ele argumentava que:

> Se mostra claramente não ser culpa mortal trabalharem nos domingos e dias santos os oficiais de açúcar, e escravos dos Senhores do engenho do Estado do Brasil. E esta opinião, que levo me parece que foi compreendida na proposição condenada pelo Santíssimo Padre Inocêncio Undécimo: mas antes he fundada na doutrina que levou os theologos moralistas que escreveram depois. (COUTO, 1981, p. 108).

Certamente, aqui os precitos morais se adequam à produção e reprodução do capital, pois as doutrinas teológicas não se aplicam a frear o processo produtivo, já que, como vimos, a única fonte geradora do lucro será a mão de obra escrava, aqui procura-se maximizar o tempo da utilização do trabalho compulsório. Portanto, as atividades são ininterruptas e não existia, nessa época, o descanso, o lema era: tempo é dinheiro, assim, quanto mais se trabalha, mais aumenta a possibilidade de o cabedal mercantil superar as suas limitações enquanto desenvolvimento de novas tecnologias para produzir cada vez mais.

Figura 1 – Pintura do século XVII, mostra o porto do Salvador (Bahia), os navios trazendo as pessoas cativas da África, esse porto podia abrigar até dois mil navios. São Salvador, capital do Brasil, 1697

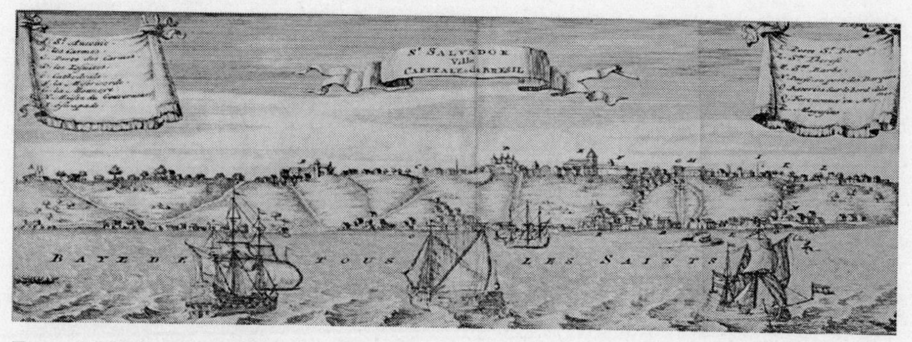

Fonte: LIBBY, 2005, p. 21

Os relatos da época identificam que as experiências da travessia do Atlântico[3] podiam ser descritas como uma situação de precariedade e privações. As pessoas cativas passavam a maior parte de seu tempo acorrentada a modo de evitar motins nos navios, a alimentação e a higiene eram rudimentares e, em decorrência disso, o ambiente fechado do transporte tornava-se insustentável no decorrer da viagem, muitos cativos não chegavam ao final por não suportar essas condições.

Destarte, o que podemos perceber é que a presença indígena na sociedade colonizada representa uma esfera de extrema importância para aumentar o cabedal econômico do dono do engenho; todavia, segundo essa visão etnocentrista, justificaria a exploração acentuada e constante na medida em que esses povos, "sem arte, sem política, sem prudência, sem Estado e sem humanidade" mereciam essa condição social de trabalho forçado? Realmente o era? Os estudos e as pesquisas demonstram que as nações indígenas possuíam um complexo mundo simbólico, não tinham deuses nem ídolos múltiplos, porém, tinham ritos sagrados, entidades representadas pela natureza, entre outras. "Seu ritual era bastante sóbrio" (PAIVA, 1982, p. 65). Sem o trabalho forçado, os colonizadores seriam impedidos de realizar seu empreendimento econômico, eis a seguinte descrição de Libby (2005):

[3] "Os motins e os suicídios, naturalmente, eram muito mais frequentes nos navios negreiros do que em outros navios, e, sem dúvida, o tratamento brutal e as maiores restrições aos movimentos dos escravos tendiam a aumentar o índice de mortalidade. Mas as causas fundamentais dessa alta mortalidade nos navios negreiros [...] consequência inevitável da longa duração da viagem." (WILLIAMS, 2012, p. 69).

> É importante ressaltar que a vida no engenho era marcadamente por um intenso ritmo de trabalho. Durante seis meses do ano, geralmente de fevereiro a junho, plantava-se novos canaviais e mantinham-se limpos os antigos. Também se cortava a lenha a ser usada na preparação do melaço; faziam-se consertos diversos e dispensava-se cuidados às pequenas plantações de alimentos. A outra metade do ano era dedicada à safra. Após cortada, a cana era levada ao Engenho funcionava 24 horas por dia, com duas turmas de trabalhadores cativos. O trabalho era árduo e perigoso [...] qualquer descuido poderia causar um acidente, e o cansaço causou vários. É muito significativo que observadores da época retratassem o engenho, durante o período de safra, como uma espécie de 'inferno na Terra'. (LIBBY, 2005, p. 29).

A compulsão ou a persuasão econômica acabaram por reunir um grande número de etnias que vinham da mesma região, assim como também muitas eram diferentes, os colonizadores tinham o cuidado de não misturar aquelas que dominavam um mesmo dialeto de forma a evitar que as mesmas se organizassem em atos de rebeldia e de contestação a essa exploração extrema. Portanto, existia uma constante vigilância sobre as pessoas cativas, porém, essas não eram suficientes para anular a criatividade dos povos subjugados, por exemplo, a capoeira, surgira não como uma manifestação artística, mas como uma forma de manter o físico para um ato de resistência. De outro lado, encontramos relatos dos próprios colonizadores que enunciam atos de rebeldia e não submissão ao trabalho forçado: "Aconteceu que os selvagens do lugar tinham se revoltado contra os portugueses, o que dantes nunca fizeram; mas agora o faziam por se sentirem escravizados" (STADEN, 2021, p. 41). Contudo, por meio do castigo e do medo à sujeição, o trabalho compulsório prosperou.

Essas formas eram eficientes para permitir a produção da riqueza e não permitir o entrave às atividades agrícolas e industriais que alimentavam o comércio, pois não possuíam limites, todos os meios eram justificáveis em bem de troca e do mercado, ávido pelo consumo. É verdade que já a partir dessa época começa-se a gestar uma justificativa ideológica[4] para legitimar o trabalho compulsório, eis o que diz GOMES (2019), quando afirma que:

---

[4] "A ideologia é uma forma específica de resposta às demandas e aos dilemas colocados pelo desenvolvimento da sociabilidade. A complexificação das relações sociais, com a correspondente necessidade de complexificação das posições teológicas operadas pelos indivíduos" (LESSA, 1996, p. 52).

> A segunda característica que diferencia a escravidão na América de todas as demais formas anteriores de cativeiro é o nascimento de ideologia racista, que que passou a associar-se a corda pele à condição de escravo. Segundo esse sistema de ideias usado como justificativa para o comércio e a exploração do trabalho cativo africano. (GOMES, 2019, p. 19).

Nesse processo, também, essa justificativa ideológica ganhou poder significativo devido à criação de novas colônias e novos mercados, a catequese do Ameríndio era um meio que possibilitava sua submissão e modo de enquadrá-lo ao setor produtivo, ou seja, produzir na relação desse o modelo econômico e social[5] que alimentava a Europa. Desse modo, o princípio inicial de todo o processo colonialista era o desenvolvimento econômico e a acumulação de capital, em outras palavras, sem qualquer equívoco:

> Como toda colonização, a do Novo Mundo teve suas razões econômicas — os imensos tesouros de ouro e prata das Américas —, mas os teólogos oficiais tentaram justificá-la com a ajuda de argumentos jurídico-religiosos: 'a América seria terra sem dono; a subjugação seria a precondição da missão; seria dever cristão interferir nos sacrifícios humanos dos mexicanos'. 'Combatente heroico num posto absolutamente perdido', Bartolomé de Las Casas lutou pela causa dos povos indígenas afrontando, por ocasião da célebre controvérsia de Valladolid (1550), o cronista e cortesão Sepúlveda, 'teórico da razão de Estado', e finalmente conseguiu obter do rei da Espanha a abolição da escravidão e da encomenda (sistema de escravidão dos índios) — medidas que jamais foram efetivamente aplicadas nas Américas. (BENJAMIN, 2013, p. 12).

Consagrando a criação de uma nova economia, a sociedade burguesa em ascensão assegurou um incremento brusco das forças produtivas e da produtividade do trabalho social. No entanto, as riquezas foram concentradas em poucas mãos, em um polo minoritário, enquanto a miséria constante de todas as outras camadas de trabalhadores e trabalhadoras, no outro polo da sociedade.

Paiva (1982), ao referir-se à predominância dos interesses mercantis sobre os interesses escolásticos, colocou que a grande empresa colonial além

---

[5] "As sociedades são diferenciadas pelas formas de propriedade, pelos modos de produção e pelas modalidades de extração de excedente sob os quais elas se organizam (ao invés das estruturas de distribuição), os conceitos usados para compreendê-los devem ser igualmente específicos" (FINE; SAAD FILHO, 2021, p. 23).

de organizar suas atividades em benefício da realização dos interesses do comércio europeu via Portugal, objetivava, também:

> Não bastava produzir os produtos com procura crescente nos mercados europeias: era indispensável produzi-los de modo a que sua comercialização promovesse estímulos à originária acumulação burguesa nas economias europeias. Não se trata apenas de produzir para o comércio, mas para uma forma especial de comércio: o comércio colonial é, mais uma vez, o sentido último (aceleração da acumulação primitiva de capital). (PAIVA, 1982, p. 31).

Esse era o sentido mais profundo que articulava toda a engrenagem da empresa colonial. Portanto, pode-se compreender que desde as primeiras expedições o objetivo maior circulava em função da produção tanto para o enriquecimento da Coroa Lisboeta ou do estamento mercantil dominante, pois, por meio da história, nota-se que quem vinha do Reino estava sujeito a propósitos de aumentar ainda mais o capital, posto que o próprio trabalho aparecia nessa relação como capital e devia-se dispor dele para obter os próprios escravos. A rigor, o valor do escravo não era senão o conjunto do trabalho necessário, tanto para sua captura, quanto para sua doutrinação e dominação. Sabemos que as relações humanas se pautam, nessa época, por maximizar o trabalho humano, esse aparece como uma fonte exclusiva que possibilitará essa acumulação, os instrumentos de produção são incapazes de produzir um valor que esteja além de seu próprio valor, portanto, a mão de obra escrava é o impulsionar exclusivo e, não outra, da concentração da riqueza do trabalho social. Todavia: "Do ponto de vista dos portugueses, as riquezas extrativas encontradas eram rarefeitas e pouco lucrativas" (MESGRAVIS, 2015, p. 35).

Esse período testemunha atos de crueldade insuperáveis, não existe paralelo com outras épocas históricas, como diz um historiador brasileiro: "O roubo, o saque, a pirataria, a matança de índios indefeso42s, o rapto e a escravidão de negros, tornou-se um sistema regular e rotineiro de comércio e a base da acumulação capitalista (BASBAUM, 1967, p. 41). Não foi por acaso que ao debruçar-se os pesquisadores sobre essa época a concebia como um período de cobiça imoderada. Essa lógica operava na eliminação das diferenças e procurava apagar as desproporcionalidades históricas de determinadas culturas. Eis o segredo da acumulação no período da ascensão do mundo capitalista. Deve-se enfatizar que esse período provocou profundas alterações nos modos de vida de outras culturas, povos e etnias que desconheciam essas novas formas de organizar o trabalho humano. Essa nova forma de trabalhar e de transformar a natureza levou até as últimas consequências a divisão social de trabalho por intermináveis horas de uma atividade exaustiva, pois para os trabalhadores e trabalhadoras não existia possibilidade de descanso ou mesmo uma reposição física não estava nos planos das classes dominantes. A necessidade de uma constante possibilidade de aumentar a produção permite ao capital manter uma rígida disciplina na manutenção do sistema que ele representa. Assim, a pressão se concentra cada vez mais na necessidade de aumentar a produção a níveis desproporcionais à realidade na qual vivem os que produzem essa riqueza.

A imagem a seguir mostra jesuítas catequizando os indígenas para uma adaptação ao mundo do trabalho escravo e a introdução de uma nova cultura europeia. Todavia, o contato com essas nações indígenas nativas fez dos jesuítas conhecedores de métodos curativos inovadores ensinados pelas sociedades indígenas.

Figura 2 – As sociedades indígenas recebendo a catequese dos jesuítas

Fonte: revistahcsm.coc.fiocruz.br

A ação da classe que dominava a situação, ou em outras palavras, as atividades do cotidiano estavam direcionadas à adaptação à cultura europeia, dessa forma, pode-se entender que a pedagogia dos jesuítas significou o amoldamento do Ameríndio às "necessidades urgentes" de mão de obra ao colonizador. Portanto, essa pregação educativa expressava um certo "diploma da adaptação" dos mesmos ao sistema colonial.

Vale lembrar que a doutrinação da Companhia de Jesus possuía uma forma eminentemente elitista[6], pois procurava reforçar a visão da finalidade colonizadora dos jesuítas, assim, estes encontravam-se divididos entre a educação do colonizador e a catequese do ameríndio. Ressalta-se que, nesse contexto, tanto os jesuítas como os colonizadores encontravam-se inebriados pelas próprias contradições que sustentavam a relação do trabalho, isto é, muitas vezes procurou-se atenuar os conflitos que surgiram da própria relação. A visão do colonizador procurava amenizar a dura relação entre senhor e escravos, recomendando que fossem reformulados os princípios da pedagogia que educava os senhores, a este respeito PAIVA (1982) afirma que:

> O importante é observar que se contornam todos os obstáculos morais e legais e se dá razão para o empreendimento planejado. Aceito um princípio justo da escravidão, está aberta a porta para seu estabelecimento em bases sólidas. A luta, doravante, se resumirá em enquadrar os fatos sob os princípios justificativos. A luta entre jesuítas e colonos, os primeiros defendendo ao máximo a liberdade dos índios, e os segundos forçando ao máximo seu cativeiro justo. (PAIVA, 1982, p. 33).

Assim, o autor procura esclarecer esse conflito moral e sua resolução para a época. Destacava-se, nesse contexto, que os interesses ou os conflitos entre a doutrina cristã e a ordem produtiva eram relações que não se excluíam, pelo contrário, eram formas de expressão de um mesmo processo. A esse respeito, o pensador argentino aponta que: "A classe que domina materialmente é também a que domina com a sua moral, a sua educação e as suas ideias" (PONCE, 2015, p. 206). Do que acaba de ser exposto decorre também um efeito colateral da dominação, eis o que expressa Mesgravis (2015), quando afirma que:

---

[6] "Foi ela, a educação dada pelos jesuítas, transformada em educação de classe, com as características que tão bem distinguiram a aristocracia rural brasileira, que atravessou todo o período colonial e imperial e atingiu o período republicano, sem ter sofrido, em suas bases, qualquer modificação estrutural, mesmo quando a demanda social da educação começou a aumentar" (ROMANELLI, 1987, p. 35).

> Entre os escravos também existiam desigualdades estabelecidas conforme a vontade dos senhores que, davam certa autonomia ou autoridade aos escravos -feitores, as escravos-jagunços ou aos escravos encarregados de vender gado ou outros produtos. As escravas domésticas, por sua vez, viviam em melhores condições que as que trabalhavam na roça. Mesmo nas difíceis condições de vida dos escravos no Brasil Colônia, por vezes surgiu entre eles uma espécie de autoridade paralela. (MESGRAVIS, 2015, p. 55).

Efetivamente, com o decorrer do tempo essas realidades contraditórias possibilitaram as primeiras formas de emancipação social, quando a consciência de classe em si começa a tornar-se uma realidade empírica. Há muitos exemplos históricos que evidenciam esses reconhecimentos sociais em seu conjunto. Devemos observar que os indivíduos fazem sua história não conforme os seus anseios, mas em circunstâncias que foram produzidas por gerações anteriores; portanto, as mesmas são historicamente construídas independentemente da vontade, e isso não significa, de forma alguma, que as transformações não sejam possíveis.

OS LIMITES DO PROCESSO COLONIAL

"Uma nova civilização está sempre em construção: o estado de coisas de que desfrutamos hoje ilustra o que acontece com as aspirações de cada época por um futuro melhor. A questão mais importante que podemos suscitar é se existe um modelo permanente pelo qual podemos comparar uma civilização com outra, e através do qual podemos prever o progresso ou o declínio de nossa própria civilização. Precisamos admitir, comparando a civilização com outra, e comparando os diferentes estágios de nossa própria civilização, que nenhuma sociedade e nenhuma de suas épocas apreende todos os valores da civilização. Nem todos esses valores são compatíveis entre si: o que é, pelo menos, igualmente certo é que, ao nos apercebermos de alguns desses valores, deixamos de apreciar outros. Podemos, todavia, distinguir entre culturas superiores e inferiores; podemos distinguir avanço e retrocesso. Podemos afirmar com alguma convicção que nosso próprio período é uma era de declínio; que os padrões de cultura são inferiores em relação ao que era cinquenta anos atrás; e que as evidências desse declínio são visíveis em cada segmento da atividade humana. Não vejo razão pela qual a decadência da cultura não deva se aprofundar muito mais, e tampouco por que não poderíamos mesmo prever um período, de certa duração, do qual seja possível afirmar que não haverá cultura alguma. A cultura, então, terá de se desenvolver novamente da terra; quando afirmo que deverá crescer novamente da terra, não quero dizer que será trazida à tona por qualquer atividade de políticos demagogos. A pergunta que este ensaio faz é se existem condições permanentes sem as quais não se pode esperar que haja uma cultura superior. [...] Não podemos dizer: 'Devo transformar-se em uma pessoa completamente diferente'; podemos dizer apenas: 'Vou abandonar este mau hábito e tentar adquirir aquele que é bom'. Do mesmo modo, a respeito da sociedade somente podemos dizer: 'Devemos tentar aperfeiçoá-la quanto a este ou àquele aspecto em particular, em que o excesso ou ausência é evidente; ao mesmo tempo devemos tentar abarcar tantas coisas em nossa visão, de maneira que possamos evitar, ao consertar uma delas, estragar a outra'. Até mesmo isso é expressar uma aspiração maior do que podemos efetivamente alcançar: pois é tanto — ou mais — em virtude do que alcançamos aos poucos, sem compreender ou prever as consequências, que a cultura de uma época difere daquela de sua antecessora'. (ELIOT, T. S. **Notas para a definição de cultura**. Tradução de Eduardo Wolf. São Paulo: É Realizações, 2011. p. 20-21).

Eis aqui a expressão profunda de Thomas Eliot, que recebeu o Prêmio Nobel de Literatura em 1948, daquilo que não aconteceu com o processo da colonização, não houve nenhuma situação de troca de culturas a modo de sua preservação, pelo contrário, na América, o extermínio, a escravidão, o enfurnamento das populações nativas, o começo da conquista e pilhagem, destruição de culturas autóctones e impondo seu domínio, marcam, sem dúvida alguma, a aurora da era da produção capitalista. Também, estava-se gestando uma nova sociedade, uma nova forma de emancipação e uma nova cultura, eis o que afirma um expoente da antropologia política:

> A própria cultura brasileira é resultado de um processo localizado de produção da cultura portuguesa que, ao se relacionar de modo dominante com as culturas indígenas do litoral brasileiro e com os africanos trazidos como escravos, que trouxeram modos e instituições de culturas próprias, absorveu e incorporou tantos aspectos culturais dessas culturas que terminou se transformando numa cultura nova, mestiça, sincrética e sintética. (GOMES, 2015, p. 41).

Como em outras ocasiões, esse processo foi desenvolvido com violência e com métodos que implicavam atos de temor e intimidação, impostos nas figuras de quem detinha o poder; a organização e os atos coletivos eram difíceis de ocorrerem nessa época colonial, porém existiam exceções. Assim, "A possibilidade de revolta de escravos, contudo, era o maior temor dos senhores (como em toda a sociedade escravista)" (MESGRAVIS, 2015, p. 55). Efetivamente, o mais conhecido pela literatura historiográfica é Quilombo[7] dos Palmares, esse local de resistência foi na região Pernambuco e no estado de Alagoas. O mesmo transformou-se em um dos grandes símbolos da atividade contra a escravidão no Brasil. Culminou com a sua destruição no final do século XVII (1694). Em todos os lugares, no período da ascensão das relações econômicas capitalistas, existiram altos índices de resistência à essa nova forma de trabalho compulsória, por exemplo, a Nova Inglaterra, principalmente na região Sul, cujas estruturas eram essencialmente escravistas, América espanhola, Colônias portuguesas, entre outras, levantes e conspirações eram acontecimentos do cotidiano, assim, somente pode-se compreender que as penas ou as punições a esses atos eram aplicados com extrema crueldade, tornado, assim, um exemplo para os demais membros cativos.

[7] "A luta dos quilombos não teve caráter revolucionário. Antes foi uma forma de negar a escravidão. [...] Não adotaram uma política para modificar a sociedade, impor novas estruturas sociais ou substituir os modos de produção. Ao contrário, fugiam dessa sociedade [...] A supressão das classes sociais acontece na direção inversa de uma evolução política que poderia atuar sobre a sociedade colonial" (CHIAVENATO, 1999, p. 69).

Tabela 1 – Variação dos preços dos escravos na Bahia no período de 1830-1888

Década	Preço (médio em réis)
1830	250.000
1840	450.000
1850	500.000
1860	650.000
1870	650.000
1880	450.000
1888	400.000

Fonte: Matosso (1990, p. 95)

No século XIX, um escravo era cada vez mais valorizado, pois, na Europa e na América do Norte (pelo menos na parte mais industrializada), a mão de obra escrava estava proibida, pois a Inglaterra tinha baixado uma Lei[8] proibindo esse tipo de comércio em 1833 em todas as partes do domínio britânico.

Cumpre lembrar que frente a esses obstáculos jurídicos de parte da Inglaterra, no Brasil Colônia, se dá em razão do empreendimento planejado, aceitando-se como princípio justo da "escravidão legítima" toda a estrutura da atividade colonial, bem como a formação social que servia de base. Esse fato definia as linhas de força do sistema mercantilista na sua conexão com a ascensão e expressão do capitalismo comercial europeu.

Também, o escravo era importante não somente como mão de obra para os engenhos ou fazendas, mas o negócio comercial de tráfico de escravos era extremadamente rentável, uma vez que muita riqueza foi gerada no comércio de escravos e não na produção baseada no trabalho compulsório. A legitimação social desse processo era de suma importância, assim:

> Ora, a diferença de cor é o sinal mais ostensivo e mais 'natural' da desigualdade que reina entre os homens; e na estrutura colonial-escravista, ela é um traço inerente à separação dos estratos e das funções sociais (BOSI, 2000, p. 106).

[8] Em agosto de 1845, os ingleses instituíam a Lei – Bill Aberdeen, que legitimou às autoridades britânicas a reprimir e confiscar as embarcações do tráfico de escravos em navios brasileiros e do julgamento da tripulação que seria enquadrada como um ato de pirataria, as multas tinham um custo muito elevado.

Efetivamente, os trabalhadores não tinham outra saída a não ser submeter-se ao trabalho compulsório para preservar a vida.

Todavia, devemos lembrar que nesse período esse processo significou que "O sistema colonial é por excelência o sistema da transição, ou melhor, o sistema montado para corresponder à transição, para o qual e ao, mesmo ao nível das transformações sociais, as mudanças" (AMARAL, 1991, p. 16). Efetivamente, significou a possibilidade de o capital andar sobre seus próprios pés, tornando as antigas relações sociais obsoletas e desnecessárias. Não é sem razão que, a partir do século XIX, todas as nações latino-americanas produziam sua emancipação (Independências) frente aos países colonizadores. A partir daqui elaboraremos uma discussão em torno do desenvolvimento e consolidação da sociedade capitalista, gradativamente se vê o amadurecimento e as contradições que nascem dessa relação social; essas circunstâncias são importantes para o entendimento de nossos dias.

Delineamento dos interesses capitalistas

Como foi descrito na digressão anterior, a política colonial objetivava a conquista do capital necessário, para assegurar-se sobre seus próprios pés. Como visto, a pedagogia jesuítica visava legitimar ideologicamente por meio de suas contradições a ascensão da nova relação e na colônia poder-se-ia elaborar as condições ideais de sua reprodução, portanto, a utilização do trabalho escravo significava o sucesso deste empreendimento do capital.

Cabe, nesta parte do trabalho, o esclarecimento: existia uma diferença historicamente significativa entre as atividades da igreja da metrópole e da colônia. A primeira representava uma nação pobre, sua capital quase despovoada, uma lavoura de subsistência pela falta de braços que a trabalhasse, pelas relações de caráter feudal, ainda existente, dirigida por um rei absoluto e por uma nobreza arruinada. Na colônia, a ação da igreja era diferente e se unia na mesma bandeira, havia uma burguesia mercantil ávida de lucro e troca.

Em um determinado desenvolvimento do capital mercantil, a força que possuía a Companhia Jesuítica começa tanto no campo econômico quanto no espiritual a tornar-se deletéria aos interesses dessa mesma sociedade. É assim que se chegou à ruptura provocando a expulsão dos jesuítas em 1759. Este evento foi promovido pelo marquês de Pombal por meio das denominadas reformas pombalinas. Este ato promovia e reafirmava a soberania do Estado português na colônia brasileira. Pombal acusava o monopólio de comércio de escravos à Companhia de Jesus e suas relações com as expectativas expansionista da Coroa espanhola do século XVIII.

Em seus estudos, a pesquisadora Ribeiro (189), aponta que a expulsão da Companhia de Jesus ocorreu por:

> a) Os jesuítas eram detentores de um poder econômico que deveria ser devolvida ao governo.
>
> b) Eles educavam os cristãos a serviço da ordem religiosa e não dos interesses do país. (RIBEIRO, 1989, p. 37).

Reafirmando essas colocações, Mendonça Furtado descreve que a grande área de influência exercida pelo sistema educacional dos jesuítas teve como marco engenhos, as fazendas, o poder exercido sobre as aldeias dos ameríndios, o controle sobre a extração e o comércio das drogas, o privilégio da isenção dos tributos, a capacidade de dispor de mão de obra etc.

Segundo essa autora, as atividades pedagógicas foram um meio de a Companhia obter vantagens muito superiores que aquelas que regularmente tinham os demais colonizadores. Dessa forma, observa-se que os conflitos surgidos entre os jesuítas e os colonizadores estavam pautados mais pela ação mercantil do que pelo seu sistema educacional. Portanto, a escravidão desenvolveu-se em uma sociedade na qual se privilegiava a posse fundiária da terra. A maioria dos trabalhadores e trabalhadoras cativos destinava-se a um ritmo constante de trabalho nos estabelecimentos agrícolas; neles habitavam os escravos e as escravas que eram utilizados na mineração ou em outros tipos de trabalho e aumentava a situação de dominação e exploração social, o que permitia aumentar cada vez mais o capital do senhor.

Outro aspecto que merece ser mencionado para se compreender os conflitos internos que moveram a metade do século XVIII é o quadro político externo. Por um lado, sabia-se que Portugal, nesse período, estava perdendo o monopólio do comércio, e, por outro, à medida que a colonização nas colônias se fortalecia, abria-se espaços para a consolidação dos estados modernos, superando ainda mais as limitações do desenvolvimento da economia capitalista europeia.

A emersão dos estados do tipo moderno criou condições de enriquecimento da burguesia mercantil em face às demais "ordens" da sociedade do velho mundo. Concomitantemente, ocorreu um esforço por parte de Portugal no sentido de revigorar o comércio ultramarino, o qual representaria o robustecimento do regime monopolista, pois como disse um dos mais lúcidos teóricos do colonialismo português no fim do século XVIII, o Bispo Azevedo Coutinho:

> Alguns justos sacrifícios; e por isso é necessário que as colônias também da sua parte sofram 1º que só possam comercializar diretamente com a metrópole, excluída toda e qualquer outra nação, ainda que lhes faça um comercio mais vantajoso. 2º Que não possam as colônias ter fábricas, principalmente de algodão, linho, e seda, e que sejam obrigadas a vestir-se das manufaturas, e da indústria da metrópole. (COUTINHO, 1928, p. 100).

A pressão das demais potências europeias cresce, sobretudo por parte da França, chegando a ponto de invadir Portugal em 1807. Esse fato obrigou o deslocamento da Família Real e sua Corte para o Brasil[9], essas circunstâncias desencadearam uma nova reorganização política administrativa, sendo a maior delas o decretamento da "abertura dos portos", em 1808; ainda, nesse mesmo ano, criou-se a Imprensa Régia, colocando para um público de Rio de Janeiro a *Gazeta de Rio de Janeiro* e, em 1814, sob a influência do espirito iluminista, foi inaugurada a primeira biblioteca pública do estado.

Caio Prado Junior assim se expressa sobre tal acontecimento:

> Desencadeiam-se então as forças renovadoras latentes, que daí por diante, afirmar-se-ão cada vez mais no sentido de transformar a antiga colônia numa comunidade nacional e autônoma. Será um processo demorado em nossos dias ainda não se completam evoluindo com intermitências e através de uma sucessão de arrancos bruscos, paradas e mesmos recuos. (PRADO, 1969, p. 124).

É sobre essa razão que todas as medidas mais urgentes visavam preservar e garantir a educação da classe hegemônica representada pela nobreza, oriunda da "metrópole Lisboeta" e da burguesia ascendente.

As aspirações dessas classes, no terreno pedagógico, manifestaram-se por meio das seguintes medidas: criação da Imprensa Régia, Bibliotecas

[9] "Com a vinda da família real portuguesa para o Brasil (1808) e com a Independência (1822), a preocupação fundamental do governo, no que se refere à educação, passou a ser a formação das elites dirigentes do país. Ao invés de procurar organizar um sistema nacional de ensino, priorizaram a criação de escolas superiores e a regulamentação das vias de acesso a elas" (PILETTI, 2012, p. 99).

Públicas (1810), Jardim Botânico Nacional, circulação do Jornal (A Gazeta do Rio), revistas (As variações ou ensaios de literatura). São criados na Bahia os cursos de Economia (1808), Agricultura (1812), Química (1817), abrangendo a Química Industrial, Geologia e Mineralogia, entre outros. Estes cursos representaram a inauguração do ensino superior no Brasil. No século XX é que surgiram asa primeiras universidades no território nacional.

Observa-se que para os interesses da classe que organizava essas mudanças, a educação era um meio que visava aperfeiçoar o distanciamento entre o trabalho manual e o trabalho intelectual. Não há interesse em uma educação mais democrática para o coletivo, somente nos séculos vindouros que a população abrasará essa bandeira de luta com conquistas significativas.

De acordo com as declarações expressas pelos seus próprios teóricos, as modificações no ensino não levaram em conta a maioria da população, pois a reprodução de uma classe impensante era essencial para torná-la submissa, disciplinada e produtiva. Mesmo porque a "sociedade" (classe) não podia perder tempo em escolarizar a classe à qual dependia para se manter. Nem mesmo propiciava o mínimo de ensino que convinha aos seus próprios interesses. Portanto, nesse período, as modificações visavam tomar o aparato administrativo mais eficiente em termos da produção.

Uma vez conseguida a autonomia política em 1822, era necessária uma constituição, a qual surgiu em março de 1824. Com respeito à educação, encontramos no art. 179 nos parágrafos XXXII a seguinte colocação: "A instrução primária é gratuita a todos os cidadãos" e no parágrafo seguinte: "A constituição garante Colégio, Universidade e Artes".

Em termos da constituição cabia ao governo imperial superintender o ensino primário em todo o território brasileiro, função que, dez anos mais tarde, por meio do Ato Adicional, foi delegada às províncias. Cumpre esclarecer que essas medidas nunca saíram dos decretos, pois, juridicamente, a burguesia ascendente procurava legitimar-se retomando o modelo da Revolução Francesa de 1789, a qual impôs vitoriosamente seus interesses históricos. Assim, compreende-se que o ensino gratuito para todos os cidadãos representava uma bela quimera.

Outros fatos desse tipo podem ser citados, como a adoção de métodos Lancaster[10] (influência inglesa), em que a educação deveria ser um dever

[10] Também era conhecido como ensino mútuo, o mesmo pregava dentre outros princípios que um aluno mais adiantado deveria ensinar a um grupo de dez alunos (decúria), sob a orientação de um supervisor. Foi criado por Joseph Lancaster, influenciado pela obra do pasto anglicano Andrew Bell.

do estado em seus diversos graus. Ainda mais curioso e contraditório é o artigo 83 da constituição de 1824, em que ficava proibido às assembleias provinciais a proposição e deliberação sobre assuntos de interesse geral da nação. Todavia, essas diretrizes continuavam vigorando, mesmo após a lei interpretativa do Ato Adicional de 1840.

Quanto à instrução superior, nos lembra RIBEIRO (1989, p. 52) que: "A cargo do governo central pelo Ato Adicional, demonstra ser este o nível que mais interessa às autoridades, isto é, aos representantes políticos da época. Eram cursos que formariam a elite dirigente de uma sociedade aristocrática como a brasileira".

Em termos de economia, podemos observar que com o fim do monopólio comercial e a abertura dos portos ocorreu uma reacomodação na área produtiva, a nível interno, pois, com a progressiva concorrência e a crise do sistema capitalista, a produção do açúcar perdeu o mercado, o que obrigou e abriu espaço para a passagem de uma sociedade exportadora com base rural agrícola para uma de caráter urbano agrícola comercial.

Apesar de a cafeicultura ser uma matéria-prima de origem agrícola, como a cana-de-açúcar, as diferentes relações estabelecidas na sociedade brasileira não representaram pura e simplesmente uma repetição da situação característica das épocas áureas do ciclo da cana, pois essa nova atividade produtiva seria uma criação original brasileira gerando uma nova forma de organizar a economia a nível interno, particularmente houve uma diversificação de recursos.

Estes eventos proporcionaram novas exigência por parte da burguesia agrária comercial exportadora, possibilitando criar novas diretrizes políticas, que em certa forma forem sendo traduzido num desligamento gradativo do poder que exerceu o sistema colonial Lisboeta. Inclusive, quando houve oportunidade, exaltaram-se as propriedades das repúblicas, denotando assim, a ascensão de uma burguesia nacional.

Nesse processo, as camadas médias vão se multiplicando geometricamente (comerciantes, funcionários do estado, profissionais liberais, militares, religiosos, intelectuais, pequenos proprietários agrícolas) e assim a classe trabalhadora vai configurando seu perfil e desenvolvendo suas táticas de luta que possibilitaram grandes avanços à medida que a história social avançava.

O crescimento econômico e a consolidação dos partidos (1853) são acontecimentos que fertilizaram a longo prazo mudanças significativas, de um Brasil-Império, que se dividia entre atender aos interesses da camada senhorial ligada à lavoura tradicional (a produção de cana começa a entrar em declínio, o mesmo acontecerá com o tabaco e o algodão) e outra ligada à lavoura de café. Com isso, vem a República, a qual alterara totalmente o cenário das forças anteriormente mencionadas. Nelson Sodré, comentando sobre esses acontecimentos, assim expressa:

> A República, quando altera aquele aparelho de Estado, traduz o problema: cai o Poder Moderador, cai a vitaliciedade do Senado, cai à eleição à base da renda, cai à nobreza titulada, cai a escolha de governadores provinciais, cai a centralização. (SODRÉ, 1973, p. 292).

Essa nova organização política permitiu a participação no poder embora de forma esporádica, da classe média, pois essa não dominava os meios de produção. No que se refere ao resto das camadas da população, a classe média fica completamente ausente de qualquer participação. Porém, a elaboração de um discurso de escolarização constitui extensos textos constitucionais determinados pelas ineficiências da prática.

É assim que o problema do analfabetismo não pode ser solucionado pelas elites dominantes da época, aumentando em números absolutos da população analfabeta, mesmo com a sociedade brasileira desenvolvendo-se em bases urbanas comerciais e que obrigatoriamente passou a requerer leitura e escrita para a integração da população neste novo contexto econômico e social.

Com relação à essa discussão, é mister frisar que se sucederam campanhas proclamando a necessidade da difusão de escolas primárias, essas eram lideradas por políticos, os quais reconheciam a necessidade da difusão especialmente da escola primária como base na nacionalidade, o que fez com que alguns defendessem não só o combate ao monopolismo, como também a introdução da formação patriótica por meio do ensino cívico.

Com relação ao ensino secundário, foi estabelecido que seria predominantemente pago (privado) e se restringiu aos elementos originários de setores sociais altos da sociedade daquele momento histórico.

Esse quadro se modificou de alguma forma no limiar da década de 1920 e 1930 produtos da chamada crise agrária-comercial-exportadora do modelo nacional desenvolvimentista com base na industrialização. Esse período é caracterizado por uma grande revitalização da economia, pois o

Brasil passa a produzir bens de serviço com um valor agregado e a indústria fará nascer uma classe trabalhadora que, por seu papel histórico, enunciará o favorecimento de leis que garantam direitos e deveres em que o estado possuirá um papel relevante na legitimação deles, em outras palavras, as classes trabalhadoras começam a tomar para si, os interesses de sua própria classe.

Crise do modelo agrário-comercial-exportador dependente e início da industrialização

Em 1920, a industrialização florescia espontaneamente no vazio deixado pela produção primária-exportadora interna e pela produção industrial das sociedades capitalistas centrais.

A industrialização, nesse momento, representou a consolidação da burguesia industrial e do operariado, mas os conflitos continuavam, pois, a burguesia industrial que era um segmento das classes dominantes colocava-se em uma relação de dominação no que dizia respeito à mão de obra e apresentava traços de distinção que levavam a choques de interesses econômicos atingindo também a área política.

A revolução de 30 representou um momento de polarização de vários setores dominantes, contra o setor dos cafeicultores, na tentativa de conseguir uma mudança na orientação da política brasileira. O operariado iniciava as manifestações urbanas organizadas, demonstrando, dessa forma, a insatisfação da classe dominada.

Apesar disso, os políticos da década de 1920 insistiam em ignorar esses manifestos populares; esse fato foi relatado por Basbaum da seguinte maneira:

> Washington Luiz, como todos os seus antecessores no governo da República, jamais compreendera que o proletariado passara a existir, era agora uma classe definida, com interesse e reivindicações próprias e que nos cálculos eleitorais era preciso levá-los em conta. (BASBAUM, 1962, p. 330).

Nessa fase, o setor médio da população que era composto por funcionários públicos, empregados do comércio, pelas classes liberais, intelectuais, e, por fim, pelos militares, todos de origem social da classe média, sentiram-se prejudicados pela política vigente e iniciou-se um movimento denominado "tenentismo", onde eles reivindicavam representação política e justiça social.

Havia tanto nos setores dominantes, como nos dominados, uma insatisfação geral e um desejo de mudança e os militares transformavam-se em ídolos nacionais provocando uma série de revoltas.

Nessa fase, não só os políticos denunciavam a insuficiência do atendimento escolar elementar e os consequentes altos índices do analfabetismo. O problema passava a ser tratado agora por educadores, os quais acreditavam que por meio da multiplicação das instituições escolares e da disseminação da educação seria possível incorporar grandes camadas da população na senda do processo nacional e assim colocar o Brasil no caminho das grandes nações.

Com o término da 1ª Guerra Mundial, as influências estrangeiras sobre o Brasil sofreram profundas alterações. As reformas do ensino decretadas até então deixavam transparecer, em seus dispositivos, a familiaridade dos seus autores com os sistemas europeus, nem sempre atualizados ou adequados à realidade brasileira.

Os anglo-americanos, a exemplo do que ocorria em outros setores, passaram a influenciar os educadores brasileiros. Ao mesmo tempo, com feições de caráter internacional, dada a contribuição de pedagogos de diferentes países, delineavam-se, no campo da educação, novos métodos e princípios que, aplicados em conjunto, tomariam a denominação de Escola Nova[11] (escolanovismo). A esse respeito Nagle (1974) relata que:

> O entusiasmo pela educação e o otimismo pedagógico, que tão bem caracterizam a década dos anos vinte, começaram por ser, no decênio anterior, uma atitude que se desenvolveu nas correntes de ideias e movimentos políticos sociais e que consistia em atribuir importância cada vez maior ao termo da instrução, nos seus diversos níveis e tipos. É essa inclusão sistemática dos assuntos educacionais nos programas de diferentes organizações que dará origem aquilo que, na década dos vinte, está sendo denominada de entusiasmo pela educação e otimismo pedagógico. (NAGLE, 1974, p. 101).

Comparando as fases do movimento escola novista universal e racional, J. Nagle considerava que enquanto quatro etapas já haviam sucedido, no desenvolvimento histórico geral da escolanovismo, no Brasil não havia sido atingida nem a primeira.

[11] "Os educadores que participavam dos debates nutriam um grande entusiasmo pela educação: acreditavam que reformando a educação poderiam transformar a própria sociedade. Por isso, em primeiro lugar, seria necessário organizar um moderno e eficiente sistema de educação, em que caberia ao governo federal a responsabilidade fundamental" (PILETTI, 2012, p. 166).

Uma limitação teórica deve ser analisada nessa mudança e essa reside no fato de ser mais uma forma de se fazer um transplante cultural e de pedagogismo, isto é, de interpretação do fenômeno educacional sem ter claras as verdadeiras relações que ele estabelece com o contexto do qual faz parte.

Jorge Nagle assim se referiu a esse período de reformulação do ensino em nosso país:

> Não houve apenas reforma, no sentido de alteração e ampliação que conservava o modelo pré-existente que conferia uma conformação especial às instituições e práticas; houve, também, remodelação no sentido de introdução de novos modelos para a estruturação das instituições e orientações das práticas escolares. Com efeito, tratou-se no decênio, de substituir o ideário educacional até então vigente, pelos princípios da nova teoria educacional representada pelo escolanovismo. É esta nova orientação que, em grande parte, distingue as transformações por que passa a escola no período das transformações que ocorreram em períodos anteriores: a instrução pública nos Estados e no Distrito Federal, na década dos vinte, é também, e principalmente, a história da penetração do ideário da Escola Nova nos seus sistemas escolares. (NAGLE, 1974, p. 190-191).

Entretanto, a década terminava sem que se resolvesse um grande problema: o da educação para a população em geral.

Após as mudanças de 1930, o povo brasileiro despertou para o problema do seu subdesenvolvimento e para o atraso em relação às sociedades tidas como desenvolvidas e observou que as causas poderiam ser:

a. Da economia que se embasava na agricultura de exportação, a qual não oferecia condições de desenvolvimento.

b. Na dependência econômica brasileira em relação à economia externa, o que deveria ser rompida.

Nesse contexto, a estimulação do setor industrial brasileiro aparecia como solução para os dois problemas mencionados acima.

No final da década de 1930, o conflito entre os dois grupos de classes dominantes, que se compunham dos desligados à exportação e dos a ela ligados, eclode em forma de movimento armado e aglutina o apoio de outros setores sociais.

Os primeiros estabelecem um modelo econômico político e derrubam do poder o setor agrário exportador. Assim tem origem, mesmo que de maneira um pouco confusa de início, ideologia política — o nacional —, desenvolvimento, e o modelo econômico compatível com a substituição de importações.

Esses primeiros anos foram marcados pela falta de um plano de governo, e os motivos básicos foram a multiplicidade de grupos e interesses, e o esquecimento do programa da Aliança Liberal. Dessa forma, o plano foi se delineando, ditado pelas circunstâncias.

Com a falta de medidas imediatas e com a hesitação inicial, a consequência foi a queda do entusiasmo dos setores populares e de alguns partidos a ponto de se rebelarem em 1932 contra o governo federal. Esse fato causou, também, o descontentamento dos educadores participantes do movimento de reformas da década de 1920, e esses, diante da demora na tomada de medidas educacionais, lançaram o Manifesto dos Pioneiros da Educação, o qual demonstrava a preocupação dos educadores com a política nacional da educação.

Apesar de toda indefinição do governo, até então tinha sido criado o Ministério da Educação e Saúde em 1930, e em 10 de abril de 1931, por meio dos decretos 19.851 e 19.852, a reforma do ensino superior foi implantada e se propunha a organizar o sistema universitário por intermédio da criação da reitoria, com a função de coordenar administrativamente as faculdades.

Uma semana depois da aprovação do chamado Estatuto das Universidades, o chefe do governo provisório assinou outro estatuto que estruturava, dessa vez, o ensino secundário pelo Decreto n.º 19.890 de 18 de abril de 1931, transformando-o em um curso eminentemente educativo. Com estas inspirações progressistas, podemos notar que:

> Com a revolução de 1930, alguns reformadores educacionais da década anterior passaram a ocupar cargos importantes na administração do ensino. Procuraram, então, colocar em prática as ideias que defendiam. Como resultado, a educação brasileira sofreu importantes transformações, que começaram a dar-lhe a feição de um sistema articulado, segundo normas do governo Federal. [...] no âmbito educacional, foi a criação do Ministério da Educação e das Secretarias de Educação dos Estados. (PILETTI, 2012, p. 173).

Todavia, a indefinição governamental gerou uma situação até certo ponto positiva, a qual ficou conhecida como o período do "conflito de ideias" e se desenvolveu especialmente de 1931 a 1937, onde em vários congressos e conferências foram rebatidos os princípios fundamentais que deveriam orientar a educação nacional.

Nesses debates, dois grupos se conflitavam: um já tradicional, representado pelos educadores católicos, que defendiam a educação subordinada à doutrina religiosa, onde o ensino seria diferenciado para os sexos masculino e feminino, e deveria ser particular e de responsabilidade da família. Outro grupo representado pelos educadores influenciados pelas "novas ideias" defendiam a laicidade, a coeducação, a gratuidade e a responsabilidade pública na educação.

O grupo tradicional, ao observar a progressiva perda de influência em prol do renovador, laça mão de formas taxativas e comprometedoras em relação aos oponentes. A acusação infundada de comunismo, por parte dos educadores católicos, em relação aos princípios defendidos pelos educadores da escola novistas revela que, a partir dos anos 1920, as forças mais resistentes à mudança na sociedade brasileira fizeram uso e alimentaram o temor ao comunismo, aterrorizando certa base social, imobilizando e levando pessoas a agirem contrariamente às mudanças.

Dentro de um quadro caótico da política brasileira, Getúlio Vargas dá o golpe de estado em 10 de outubro de 1937, esse domínio de poder perdurou por longos 15 anos.

A Constituição de 1934, apesar de trazer pontos contraditórios ao atender reivindicações, principalmente de reformadores e católicos, dá bastante ênfase à educação, dedicando um capítulo ao assunto. A reivindicação católica quanto ao ensino religioso é atendida, assim como outras ligadas aos representantes das "ideias novas", como as que fazem o Brasil ingressar em uma política nacional de educação desde que atribui à União a competência privativa de traçar as diretrizes da educação nacional e de fixar o plano nacional de educação.

Nessa fase, constata-se nos planos federal e municipal um aumento percentual em relação às despesas com a educação; entretanto, essa foi suficiente para proporcionar certa ampliação na organização escolar, mas insuficiente para sua transformação.

O comprometimento do elemento mediador agora analisado vem em decorrência da teoria educacional continuar sendo o produto de um processo de transplante cultural e de uma concepção ingênua da realidade, pois os fundamentos das novas deias que normatizavam essa concepção eram o resultado da adesão dos educadores ao movimento europeu e norte-americano, chamado escola nova.

Na realidade, o processo de transformação das sociedades europeias em bases capitalistas foi um (após choques violentos da burguesia nascente com o poder da aristocracia e das monarquias, e o processo norte-americano foi outro com resultados da expulsão dos colonizadores britânicos (onde a intenção de romper a situação periférica do país no sistema capitalista em pleno desenvolvimento) e o processo do Brasil foi uma terceira possibilidade (onde (não se enfrenta abertamente essa situação periférica).

O desconhecimento dessas causas fundamentais e peculiares da situação, bem como o puro consumo de ideias, compromete basicamente a concretização dos objetivos dos educadores "novos".

O aspecto positivo resultante de mais esse transplante cultural está no fato de ter levado os educadores a diagnosticar as deficiências da estrutura escolar brasileira e a denunciá-las categórica e permanentemente como forma de demonstração de que a reforma, cujo plano adequado acreditavam ter, era uma necessidade imperiosa para aqueles que estavam na esfera principal do poder dessa época.

O Estado Novo e a educação

Nessa fase, as forças econômicos-sociais apontadas foram as vinculadas às atividades urbano-industriais propriamente dita, e sob esse prisma, a opção ditatorial (1937-1945) se explica como sendo a condição possível, dadas as circunstâncias do momento externo e, especialmente interno, de desenvolvimento de um modelo capitalista industrial, mesmo que ainda dependente. Basbaum (1985), a este respeito, comenta que:

> 1937 foi um período de transição no processo histórico em que, derrubada a aristocracia rural do café, não havia uma classe ou grupo de classe suficientemente forte para substituí-la. Foi ainda uma fase de transição em que a influência inglesa foi substituída pela influência americana. [...] partidário de uma legislação social que protegesse os operários

> contra o arbítrio dos patrões, não por sentimentalismo, não por espírito socialista, mas simplesmente porque precisava de um apoio para governar e, isolado das chamadas classes conservadoras, e das Forças Armadas que o consideravam com desconfiança – só o povo o poderia manter no poder. (BASBAUM, 1985, p. 151-164).

O golpe do estado em que resultou o estabelecimento do Estado Novo, no mês de novembro de 1937, embora acompanhado de uma Carta Constitucional outorgada naquela data, teve como resultante a implantação do mais discriminatório, severo e centralizador regime político imposto ao país desde a época da independência, neste momento:

> Fecharam-se os edifícios da Câmara e do Senado, e já às dez horas do mesmo dia, Getúlio, agora ditador, apresentava aos seus ministros a nova Constituição, centralizando todo o poder em suas mãos. Redigida pelo antigo ministro de Educação e agora ministro da Justiça, Francisco Campos (PILETTI, 2012, p. 183).

O governo Getúlio Vargas, durante oito anos que esteve na chefia do Executivo, foi caracterizado pelo excesso de poder centralizado. Portanto, a orientação político-educacional capitalista de preparação de um maior contingente de mão de obra para as novas funções abertas pelo mercado fica estabelecida. No entanto, fica também explicitado que tal orientação não visava contribuir diretamente para a superação da dicotomia entre o trabalho intelectual e manual, uma vez que se destinava "as classes menos favorecidas".[12]

No tocante à área de instrução pública, acentuou-se ainda mais a competência da União não só pelo controle direto exercido pelo Ministério da Educação e Saúde, como pelos atos dos próprios interventores dos estados, simples delegados do Governo Federal, obrigados a cumprir as determinações emanadas dos órgãos presidenciais sediados na capital da República.

A ideologia do Estado Novo, bastante influenciada pelos princípios, normas e métodos típicos dos países totalitários, marcou profundamente a educação no país, a moral e o civismo tornaram-se matérias obrigatórias.

[12] "A república brasileira é um determinado tipo particular de república, semelhante, sob certos aspectos, às demais repúblicas latino-americanas, do México à Argentina e essa semelhança não se restringe aos aspectos políticos. Uma das principais características desse tipo de República é a absoluta *ausência de participação do povo no poder*, a instabilidade política, o desapreço pela lei por parte das classes dirigentes" (BASBAUM, 1967, p. 25-26, grifos do autor).

O texto da Carta Constitucional de 1937, na parte referente à educação, caracterizou-se mais por uma redação um tanto literária e, até certo ponto, utópica, do que pelo tratamento objetivo e jurídico da matéria, não ficando bem especificadas as atribuições da União, dos Estados e dos Municípios em relação aos problemas da instrução pública no país.

A Carta Constitucional desse período não estava interessada em determinar ao estado tarefas no sentido de fornecer à população uma educação geral por meio de uma rede de ensino pública e gratuita. Pelo contrário, a intenção era manter um explícito dualismo educacional: os ricos proveriam seus estudos a partir do sistema público ou particular, e os pobres, sem usufruir desse sistema, deveriam se destinar às escolas profissionalizantes.

Também as omissões estavam implícitas e evidenciavam muito do espírito da época. Enquanto a Constituição de 1934 definiu à União e aos Municípios a aplicação de no mínimo 10% e aos Estados e ao Distrito Federal uma aplicação nunca menor que 20% da renda dos impostos no sistema educativo, a Carta Constitucional da época simplesmente não legislou sobre a datação orçamentária para a Educação, era evidente que os recursos destinados à educação formal passam a não ser prioritários para o governo.

Durante o denominado "Estado Novo", portanto, muitas medidas foram tomadas no sentido de cumprir a Constituição, mas também outras foram desenvolvidas no sentido de ultrapassar as leis magnas instauradas com a ditadura representada com as forças econômicas varguistas.

O Estado Novo durou aproximadamente uma década e, nesse período, foram elaboradas as leis orgânicas do ensino que se constituíram em uma série de decretos-leis que foram decretados de 1942 a 1946. Basicamente, as leis orgânicas, chamadas de Reforma Capanema, consubstanciaram-se em seis decretos-leis que ordenavam o ensino primário, secundário, industrial, comercial, normal e agrícola, isto é, acentuava-se um ensino voltado para atender às necessidades do mercado, o ensino superior ainda não era considerado uma prioridade de desenvolvimento social.

Portanto, pode-se visualizar que esse período histórico assume um caráter eminentemente conservador, e só não incorporou todo o espírito da Carta Constitucional de 1937 porque vingou já nos anos de liberalização do regime, no final do "Estado Novo".[13]

[13] "Vargas governou 15 anos, a maior parte dos quais sem Constituição e só largou o poder quando foi deposto por um movimento das forças armadas. Como então definir a República?" (BASBAUM, 2007, p. 25).

Assim, se por um lado o estado organizou as relações de trabalho por meio da CLT, por outro, impôs ao sistema público de ensino uma legislação que procurou separar aqueles que poderiam estudar, daqueles que deveriam estudar menos e ganhar o mercado de trabalho mais rapidamente.

O período de democracia representativa que se seguiu ao Estado Novo conviveu com a CLT, e com tal organização de ensino, promovendo poucas alterações; ou seja, conviveu com a herança autoritária no âmbito das relações de trabalho e de organização do ensino deixado pela ditadura varguista.

Já no final do declínio do período varguista (1945), o Brasil passava por momentos de grande expectativa com a deposição de Getúlio Vargas. Sobre a educação, amparada pela Constituição outorgada de 1937, a história demonstrará que novamente as forças mais conservadoras que se alternavam no poder produziram formas deletérias de organização social e novamente se priorizará ainda a administração centralizada do estado.

Nessa fase, no cenário mundial, com o fim da Segunda Guerra Mundial, anunciava-se uma nova era de construção de governos populares e democráticos na Europa. A luta entre as grandes nações tornava-se gradativamente em luta dos povos pela liberdade, contra os regimes que a colocavam em perigo, na verdade, é um processo que contraria os interesses coletivos da população, como o indica Souza (2018), quando observa que:

> A ideologia neoliberal trouxe uma novidade: as reformas, agora, são medidas regressivas – políticas e socialmente. São reformas para forçar a roda da história para atrás. Os direitos sociais são cancelados. Medidas abertamente reacionárias são adotadas em face dos movimentos sociais. As desigualdades sociais são aprofundadas. As restrições às liberdades democráticas são reforçadas. Os patrocinadores das reformas neoliberais são, via de regra, partidos políticos conservadores. (SOUZA, 2018, p. 55).

No período do mês de setembro de 1946, o General Eurico Gaspar Dutra assume o governo, e, como seu antecessor, sem a interferência do Poder Legislativo. Dutra, que teve sua candidatura lançada pelo PSD, representava a oportunidade dos "novos ricos da política", que ocupavam postos-chave nas administrações federal, estadual e municipal, bem como eram aliados dos tradicionais grupos agrários.

Ao terminar o Estado Novo, o Governo Vargas, percebendo o prestígio das teses de esquerda perante as massas, aproximou-se delas tentando manter-se no comando do governo.

Sabemos que os processos sociais guardam interesses distintos e projetos que expressam as classes sociais, abalizado em interesses próprios e divergentes.

Luiz Carlos Prestes, representante das forças progressistas e que apontava mudanças qualitativas nas políticas econômicas brasileiras, em 1945, em um comício concorrido do PC, conclama os militares e simpatizantes do Partido a organizarem comitês populares democráticos para a defesa do processo de redemocratização e garantia das eleições para a Assembleia Nacional Constituinte (ANC).

O papel desenvolvido pelos comitês populares levou os militantes comunistas a abrirem espaço para a Educação, e Otávio Brandão, em 1947, afirmava que tudo estava por se fazer. E estranhamente, pois foram justamente as esquerdas que no início diziam que não se identificavam com aqueles liberais que acreditavam na educação como a chave para a solução dos problemas nacionais, os que na prática trabalhavam no sentido de democratizar e melhorar o ensino. A efervescência ideológica e a continuidade da democracia ficaram abaladas no governo Dutra (1946-1950), com a decretação da ilegalidade do PC e a cassação do mandato dos parlamentares do Partido. Entretanto, as diversas tendências do socialismo foram sendo incorporadas por vários segmentos da população, inclusive por educadores e, paulatinamente, foram trazendo para o âmbito pedagógico formas de pensar menos presas aos cânones da ideologia dominante.

Com a volta da democracia, o Brasil adotou uma nova constituição, fruto da Assembleia Nacional Constituinte, com ampla participação, e que passou a vigorar no mês de setembro de 1946, essa era liberal e reorganizou a vida do país procurando garantir o desenrolar das lutas político-partidárias dentro de uma certa ordem.

A rede pública de ensino que cresceu substancialmente durante esse período e trouxe uma relativa democratização ao ensino universal que era defendido pelos movimentos mais democráticos, entretanto, os empresários do ensino e os donos das escolas particulares, desencadearam um conflito para deter esse processo, uma vez que atentava com seus interesses privados.

Com esse fato e diante do substitutivo Lacerda, cuja aprovação era uma ameaça à escola pública, surge a manifestação de 1959, que foi redigida por Fernando de Azevedo, tratando de questões gerais de política educacional, onde ficou estabelecida a existência, tanto da rede pública, como particulares de ensino. No entanto, foi proposto que as verbas públicas serviriam somente à rede pública e que as escolas particulares se submeteriam a fiscalização oficial.

A campanha de Defesa da Escola Pública foi organizada formalmente na I Convenção Estadual em Defesa da Escola Pública, em maio de 1960. Arroyo (2012), a este respeito, nos lembra que o ensino público foi e será uma luta, não de viés socialista, mas apenas por conquistas já alcançadas nos países capitalistas avançados:

> A história nos mostra que a luta pela instrução, a educação, o saber e a cultura faz parte de uma luta maior entre as classes fundamentais, não apenas nos países ditos desenvolvidos, mas também na nossa história. Se lá o direito à escola e à instrução deixou de ser uma proposta para ser uma realidade, entre nós a garantia do direito do povo à instrução e à educação ainda tem de ser defendida com a ênfase que merece. (ARROYO, 2012, p. 105).

Entre a morte de Getúlio Vargas (1954) e a posse de Juscelino 1955) foi aprovada a Instrução de 113 da Sumoc[14], um dos elementos responsáveis pela alienação da economia nacional ao capital estrangeiro, onde se reconhecia que as empresas estrangeiras que estavam interessadas em operar no Brasil ganhariam vantagens econômicas, o Estado ofereceu concessões de favores cambiais para transferir de seus países de origem, maquinarias industriais já depreciadas, como se fossem equipamentos novos, embora aqui já funcionasse um parque industrial nacional similares aquelas que vinham de alóctone.

No transcorrer do Governo de Juscelino ocorre a tentativa de conciliar o modelo político-nacional-desenvolvimentista com o modelo econômico--substituição de importações em sua segunda fase, agora contando basicamente com a participação do capital estrangeiro. Dessa forma, os anos de 1956 e 1961 constituíram o período "áureo" do desenvolvimento econômico, aumentando as possibilidades de emprego, mas concentrando os lucros marcadamente em setores minoritários internos e, mais que tudo, externos.

No início dos anos 1960, o país deixou de ser um país predominantemente agrícola. A população urbana começou a ultrapassar a população rural em número. O país passou a contar com um parque industrial diferenciado e muito produtivo. A bandeira da industrialização deixou de unir

[14] A instrução n.º 113 da SUMOC era uma Ementa que permitia a entrada de capitais estrangeiros no país em condições ideais para a sua reprodução do capital, pois eram livres de impostos, inclusive, em alguns casos, o estado subsidiava esse capital pelos investimentos internos.

as forças sociais, o que entrou em jogo foi a disputa pelo controle da divisão dos lucros proporcionados pelo processo de desenvolvimento industrial. Esse fato provocou uma crise, evidenciando o colapso do pacto populista de dominação e polarização de grupos sociais e instituições, assim como de organizações políticas e partidos.

A Política Educacional após 1964

A ditadura militar, ao longo de duas décadas, serviu de palco para o revezamento de vários generais na Presidência da República, e teve como ação concreta na área educacional promover um ensino voltado para atender as necessidades do mercado, logo este seria privatizado em forma privilegiada. Somente poderia ter acesso aos sistemas escolares a população que tivesse um número financeiro elevado, dessa forma, abria-se um certo distanciamento das camadas menos favorecidas à educação. Porém, com o tempo foram organizados atos de resistência nos quais reivindicaram uma educação para toda a sociedade. Nestes movimentos foram surgir coordenadas que apontavam a necessidade de ampliar acordos políticos que viessem a concretizar um ensino universal e de qualidade.

Para entender esse delineamento educacional político, que a ditadura foi configurando, faz-se necessária a compreensão inicial da formação de todas as atividades mencionadas. Um sociólogo e pesquisador se refere a esses eventos que marcaram várias décadas do período histórico brasileiro:

> Ocorreu desde abril de 1964 [...] A 'Nova República proclamou-se uma democracia 'social', dos pobres e necessitados, e buscou a aliança de forma sagaz as organizações e partidos de esquerda que absorveram o compromisso de uma aliança democrática com a ordem existente, uma ordem de lusco-fusco ultraliberal na retórica e ultracentralizadora no comando político, ocultando o seu despotismo por trás de uma Constituição. (FLORESTAN, 2007, p. 40).

Certamente, o autor retrata com precisão as "novas" configurações das forças políticas e econômicas que se estabeleceram a partir daquele momento, a ausência de um estado democrático permitirá abusos e intolerâncias em todas as esferas da vida social e cultural.

Em princípio, como já citado, grande parte do crescimento do parque industrial criado nos anos 50 e início dos anos 60 se realizou sob a égide do capital monopolista estatal e multinacional. Esse modelo econômico foi desenvolvido sob circunstâncias bastante favoráveis ao capital, devido à expansão que alcançou a indústria, favorecendo determinadas camadas sociais (altas e médias), por ser essas as mais "capazes" de ajudar a alimentar o processo, dada as suas possibilidades de consumo. Porém, o arrocho salarial das trabalhadoras começou a pressionar politicamente a necessidade de melhores condições econômicas. Essa pressão foi sendo tolerada até que sua radicalização começou a criar obstáculos e bloquear o processo acumulativo e expansivo.

Os rumos do desenvolvimento precisavam ser definidos, a opção feita pela burguesia industrial foi amparada por estado burocrático militarizado, esse agiu em nome dos interesses dominantes dos blocos no poder. Nesse sentido, aciona-se todos os aparelhos sob seu controle para realização do projeto que vinha em curso, absorve ou restringe os movimentos de outros aparelhos da sociedade civil e realiza todos os necessários para assegurar sua implementação sem riscos de ruptura.

Nesse contexto, pode-se entender que todo o projeto nasce e se desenvolve sob a inspiração do princípio norteador que não resulta apenas em um tema "segurança e desenvolvimento" (moderna interpretação da expressão "ordem e progresso"), que revela o nível do compromisso econômico e político do estado com o desenvolvimento do modelo projetado.

A associação e a dependência da economia nacional em relação à economia do capitalismo internacional são assumidas nas suas mais completas consequências, redefinindo, assim, a função do estado. O executivo torna-se forte e concentrador, desenvolve mecanismos de controle político-policial de toda a vida social, moderniza e centraliza a administração pública e faz cessar, quando necessário pela força policial, toda contestação política-social. Trata-se de um regime militar tecnoburocrático extremamente autoritário e repressivo. Seu lema é exatamente o desenvolvimento com segurança.

O autor Francisco de Oliveira expressa que neste contexto o estado:

> É colocado como um pressuposto geral da produção capitalista, uma espécie de 'capital financeiro' que é pressuposto de cada capital privado, incluindo-se aqui as próprias empresas estatais, elemento constituinte e regulador da distribuição de mais valia entre várias formas de propriedade do capital. (OLIVEIRA, 1977, p. 13).

Portanto, como expansão e acumulação de capital extra no centro da estratégia do desenvolvimento, a educação desempenhou um papel profundamente vinculado aos objetivos delineados por tal política. A primeira medida da ditadura militar foi a assinatura entre o Brasil e EUA, em um convênio denominado MEC-USAID, no qual previa-se a assistência técnica e financeira para reorganizar todo o sistema educacional brasileiro. Em função dessa intervenção estrangeira, a política de ensino foi sendo levada a enfatizar a racionalidade, a eficiência e a produtividade. A departamentalização criou, como queriam os técnicos americanos, a mentalidade empresarial dentro das escolas e as direcionou para seu controle direto, assim foram transformadas em aparelhos privados de hegemonia (jornais, escolas, sindicatos associados etc.).

Assim é que a própria ditadura institucional, por lei, instituiu anualmente conferências nacionais de Educação, convocada pelo MEC e frequentemente por dirigentes do ensino previamente escolhidos.

O Instituto de Pesquisa e Estudos Sociais (Ipes), que tinha surgido em 1961 por iniciativa de um grupo de empresários da cidade de São Paulo e Rio de Janeiro, passou a desempenhar um papel singular na propaganda ideológica. Nomes como o do General Golbery de Couto e Silva Sairo, Delfin Neto e Roberto Campos estiveram ligados a esse instituto. Esse último foi ministro do planejamento no governo Castelo Branco em 1968, no fórum do Ipes, e procurou demonstrar a necessidade de atrelar a escola do mercado de trabalho.

Surgiu, então, um vestibular mais rigoroso para aquelas áreas do 3º grau não atendentes às demandas de mercado. Para ele, toda a agitação estudantil daqueles anos foi devida a um ensino desvinculado do mercado de trabalho, um ensino embasado em generalidades e, segundo suas próprias reflexões, um ensino que "não exigiu praticamente trabalhos de laboratório", "deixava vazios de lazer", que estariam sendo preenchidos com "aventuras políticas".

No que se refere ao ensino médio, segundo Roberto Campos, esse deveria continuar reservado às elites. Além disso, o ensino secundário deveria perder suas características da educação "propriamente humanista" e ganhar conteúdos com elementos utilitários e práticos. Defendia publicamente a profissionalização da escola média com objetivos de contenção das aspirações ao ensino superior.

A Lei 5692/71 veio materializar as aspirações da profissionalização, o ministro da educação da época, o Coronel Jarbas Passarinho, incorporou os objetivos gerais do ensino de 1º e 2 º graus. O Conselho Federal da Educação, por meio do parecer 45/47 passou a relacionar 130 habilitações técnicas que pudessem ser adotadas pelas escolas para seus respectivos cursos profissionalizantes, mais tarde essas habilitações passaram para 158.

A metodologia Taylorista, presente nas teorias técnicas, sustentou a introdução da sistemática do parcelamento do trabalho. Foram exigidas, desconsiderando as especificidades da educação e das atividades de ensino e pesquisa em geral, a disciplina e a fragmentação do trabalho escolar. No entanto, durante o transcurso de todas essas modificações, não foram colocados recursos humanos, suficientes para transformar toda uma rede de ensino nacional ou profissionalizante, pois, ao impor que o ensino de 2º grau se tornasse profissionalizante, as escolas normais desintegraram-se, transformando o curso de formação dos professores de 1ª a 4ª séries no de "Habilitação ao Magistério", que na prática passou a ser preservado para alunos que não tinham outra opção.

Concluindo, o fracasso da política que instituiu a profissionalização obrigatória no ensino, tanto nos objetivos planejados, quanto naqueles nem sempre confessados, como a estratégia de conter a demanda pelo ensino superior, não se deu somente pelas impossibilidades técnicas, materiais e financeiras para sua implantação.

Sobre o distanciamento progressivo entre os controladores dos mecanismos mais íntimos da sociedade política (a tecnoburocracia civil e militar) e a classe dominante (a burguesia), pouco a pouco a sociedade civil se mobilizou e se reorganizou, principalmente após o declínio do "milagre econômico", tentando romper as amarras da ditadura que neste momento a população já não pactuava.

O fortalecimento da sociedade, com a reconstituição da UNE, em 1979, pelos estudantes, com a ordem dos advogados do Brasil (OAB), com os representantes das entidades dos meios de comunicação, formava uma onda de reclamações pela redemocratização, e esse fato levou a burguesia a apostar na via democrática novamente. Sucedeu-se a isso a inquietude por parte dos países capitalistas internacionais e assim a "conciliação" das elites ausentou o isolamento do governo, consequentemente levando a burguesia a substituir o regime militar, por um governo civil, implantado gradativamente.

Paulo Ghiraldelli, a este respeito, descreve que:

> A evidência daquilo que as classes dominantes quiseram negar: a história não havia acabado, e o futuro não haveria de ser repetido do passado, ainda que fosse, pelas mãos da classe dominante e seus aliados, a montagem de um teatro capaz de produzir no imaginário social e ideia e repetição que nunca cessa e que traz, nesta data, a eternização das diferenças de classe e a legitimação dos processos históricos-sociais injustos. (GHIRALDELLI, 1990, p. 222).

Surgia um novo país que, apesar das limitações que impunham às classes dominantes da época, a população abrasava com extrema responsabilidade no futuro, mesmo que fosse um processo de eleições indiretas, a sociedade como um todo, imprimia um entusiasmo e uma vontade de deixar para trás um período sombrio que jamais esqueceria. Como vimos, os processos sociais são únicos e nunca se podem repetir, pois formam parte de um mesmo processo histórico. Na América do Norte encontramos um processo semelhante, porém, não igual à realidade brasileira, pois as condições históricas guardam sua particularidade e, sobretudo, não será uma repetição contemporânea desse tempo histórico, mas trata-se de um mesmo processo social, qual seja, a acumulação primitiva do capital na sua forma planetária. Eis nossa discussão a seguir.

CAPÍTULO II

A UNIVERSIDADE NOS ESTADOS UNIDOS DA AMÉRICA DO NORTE

Quem poderia imaginar que se preparava a dominação do mundo por um novo Deus: o capital? Talvez Thomas More o pressentisse ao escrever a sua Utopia em 1516.

(Beaud — História do capitalismo)

No reinado de Elizabeth I (1558-1608), e com a morte de Maria I, iniciou-se efetivamente a colonização da América do Norte[15], com a fundação, em 1584, da colônia de Virginia, ao mesmo tempo, como meio de enfraquecer as empresas coloniais de expansão marítimas de Espanha e Portugal. Assim:

> [...] a invasão de América do Norte começou com a invasão de Irlanda [...], e pode mesmo afirmar-se com segurança que os ingleses transferiram para Virginia e a Nova Inglaterra os métodos e a ideologia da colonização destrutiva que tinham aplicado contra a Irlanda (SANTOS, 2013, p. 143).

O choque constante pelo monopólio do comércio levou esses países a enfrentarem-se em diversas circunstâncias, por exemplo, em 1588, Felipe II da Espanha armou uma expedição naval para atacar Inglaterra e confirmar a hegemonia espanhola ultramarina, entretanto, quase um século se passou antes que os ingleses começassem a desafiar as grandes frotas do tesouro espanhol, assim, a Inglaterra saiu vitoriosa e teve a hegemonia dos mares por séculos.

[15] "Os ingleses não foram pioneiros na América. Também não o foram no território dos atuais Estados Unidos. Navegadores como Verrazano, a serviço da França, Ponce de Leon, a serviço da Espanha, e muitos outros já tinham pisado no território que viria a ser chamado de Estados Unidos. Hernando de Soto, por exemplo, batizou como Rio do Espírito Santo um imenso curso de água que viria a ser conhecido como Mississipi. Essas primeiras aproximações europeias do território dos Estados Unidos já causaram um efeito duplo sobre as imensas populações indígenas da região" (KARNAL, 2013, p. 40).

Durante o governo de Cromwell, no século XVII, foi promulgada uma lei denominada Ato de Navegações (1651, 1660 e 1663), que determinava a proibição do comércio entre as colônias da Inglaterra ou entre nações ou colônias. Na verdade, todos os produtos devem passar primeiro pela metrópole inglesa. Essas leis foram mal recebidas pelas 13 colônias, gerando um acentuado descontentamento da burguesia ascendente, principalmente dos setores do comércio e da agricultura e agropecuária, e da população em geral. A tensão entre a Colônia e a Metrópole começa a surgir. Todavia:

> Um problema ainda mais preocupante eram as enormes despesas impostas ao governo britânico. Por volta de 1763, os gastos com a guerra totalizavam 37 milhões de libras esterlinas, e só os juros anuais contabilizavam 5 milhões, um montante enorme quando comparado ao orçamento britânico anual médio em tempo de paz, que era de apenas 8 milhões. Além disso, havia pouca possibilidade de diminuir os custos militares. E de donde sairia esse dinheiro? (WOOD, 2013, p. 41).

Esse cenário social produzira estímulos aos conflitos na colônia, a Inglaterra durante a guerra dos sete anos com a França, embora tenha ganhado o monopólio comercial marítimo, acabara entrando em uma crise orçamentária e administrativa, e, para obter mais recursos econômicos, as colônias foram penalizadas a pagar os custos desse déficit financeiro. A Inglaterra[16] imprimira uma crescente elevação de impostos aos habitantes das colônias. Cabe lembrar que no final do século XVII a população da Nova América já atingira um quarto de milhão, e daí em diante veio sempre dobrando cada quarto do século, até que um ano antes da Independência (1776) contava com uma população de quase três milhões de habitantes. Instalando-se nas cidades e aldeias os habitantes criaram uma dinâmica de comércio[17] muito próspera; como não podia deixar de serem, os conflitos tenderam a acentuar-se cada vez mais entre a Metrópole e a Nova Inglaterra. Essas receitas que tinham que ser pagas tirava um capital significativo da produção; por isso, essa situação começou a ser insustentável. Entre os impostos podem ser destacados:

[16] "A partir de Izabel (1558-1608) a História de Inglaterra deixa de ser a história dos seus Reis para ser a História do seu comércio e da sua indústria [...] todas de caráter essencialmente capitalista, à base de ações, com privilégios de comércio" (BASBAUM, 1967, p. 42).

[17] "Vivia-se o período da chamada revolução de mercado, que se caracterizou pela tendência de concentração de investimentos em um único produto ou serviço, que, graças a certas inovações tecnológicas, poderia ser produzido de modo mais eficaz, proporcionando lucros rápidos e incremento acelerado de venda e compra" (KARNAL *et al.*, 2008, p. 106).

imposto do chá, Inglaterra transfere o monopólio do comércio do chá para a Companhia das Índias Orientais que estava sob o domínio dos ingleses com sede em Londres. À lista de impostos se somariam o do tabaco, açúcar, peles, ferro, madeiras, produtos agrícolas e, talvez, a mais importante, a lei do selo, que instituía um imposto sobre documentos legais, jornais, revistas, e, praticamente, todo tipo de papel usado nas colônias deveria ser pago em libras esterlinas, e não em papel-moeda colonial, entre outros. Somando a isso, a economia mercantilista imprimia uma ampla especulação de preços, eis o que diz o historiador Mousnier sobre a época:

> O século XVII foi um período de imensa instabilidade de preços, de altas e baixas gigantescas. A ampliação do mercado consumidor e o crescente aumento do meio monetário (ouro e prata) impulsionaram os preços. 'As altas demasiado rápidas e acentuadas restringem o consumo, acarretam crises nas vendas, causam embaraço e sofrimentos. Os mais sólidos empresários nem sempre conseguem aproveitá-las, compensando a diminuição dos negócios com o aumento dos lucros, efetuando acumulação de capitais. (MOUSNIER, s/d, p. 180).

Assim, as revoltas e as manifestações na Inglaterra imperial passam a ser atos comuns, organizadas pela burguesia em ascensão, comerciantes, fabricantes, trabalhadores urbanos, advogados, intelectuais, entre outros, entram em choque e o alvo principal não é somente a monarquia inglesa, mas o sistema político como um todo. Essa situação ajudou a unificar os movimentos mais consequentes pelas reformas que abalaram as fundações das classes governantes britânicas da época. A Metrópole reage procurando de todas as formas subjugar a Colônia, por isso o governo imperial inglês ordena:

> Baixaram-se, portanto, leis proibindo aos colonos iniciar qualquer indústria que pudesse competir com a indústria da metrópole. Os colonos não podiam fabricar gorros, chapéus, ou artigos de lã ou ferro. A matéria-prima desses produtos existia na América, mas os colonos deviam mandá-la para a Inglaterra, onde seria beneficiada, e comprá-la de volta na forma de produtos acabados. (HUBERMAN, 1986, p. 128).

O desenvolvimento do modo de produção capitalista na Inglaterra seguira seu curso histórico, principalmente, quase no final do século XVII (1688-1689), a revolução Gloriosa da Inglaterra destronará a monarquia feudal, com a deposição do monarca Jaime II e a ascensão de Guilherme de Orange ao poder na Inglaterra, a partir deste, consolidou-se uma monarquia constitucional burguesa; lembremos que nesse processo Carlos I[18] foi decapitado em janeiro de 1649 e a burguesia saiu extremamente fortalecida. Esses eventos possibilitaram, também, a implantação do Parlamentarismo, e as estruturas políticas pró-burguesia foram definitivamente fortalecidas, eis o que se observa desta época é que: " A velha nobreza feudal ora devorada pelas grandes guerras feudais; *a nova era uma filha de seu tempo*, para a qual o dinheiro era o poder dos poderes" (MARX, 1985, p. 264, grifo nosso), possibilitando o desenvolvimento crescente e ininterrupto do capitalismo e criando condições para que esse país se tornasse a maior potência do mundo moderno. Inglaterra tornou-se a oficina do mundo, deslocava mercadorias para todos os cantos onde pudesse penetrar. Portanto:

> Foi em função das colônias de exploração que se formou, então, o sistema colonial. Só podemos entendê-lo corretamente na medida em que levarmos em conta terem sido as colônias o resultado da expansão do capital europeu. Foram as colônias orientadas por diretrizes externas atendendo aos interesses da burguesia mercantil da Europa fortemente associada ao Estado absolutista que praticamente uma *política mercantilista*, cujo objetivo maior era o seu fortalecimento mediante novas fontes de renda. (AQUINO, 1980, p. 56, grifo nosso).

Assim, o monopólio do comércio das colônias pela metrópole inglesa possibilita, a princípio, uma fonte de renda bastante significativa, lembremos que a arrecadação dos impostos no solo da Nova Inglaterra, embora não seja o único, será um motivo decisivo para levar adiante uma revolução que culminará na sua emancipação. Também, durante esse período, instituía-se um quadro econômico muito dinâmico, abrangendo dimensões cada vez maiores; por conta disso:

> Entre 1747 e 1765, o produto das exportações coloniais para a Grã-Bretanha dobrou, pulando de 700 mil para 1,5 milhões de libras esterlinas, enquanto o salto do produto das importações foi ainda maior, de cerca de 900 mil para mais de 2 milhões

[18] A decapitação do Monarca Carlos I foi a primeira execução de um monarca europeu do Parlamento Inglês, esse aspecto prático e simbólico da execução definiu pelo fim da ideia do caráter divino e da autoridade incontável do rei. Assim, com esses eventos a Republica Parlamentarista fortaleceu-se e a burguesia em ascensão ganhava novos impulsos e apresentava os contornos que iriam a conformar a sociedade moderna.

> de libras esterlinas. Pela primeira vez no século XVIII, a produção britânica de alimentos não foi suficiente para atender às necessidades de uma população que subitamente crescia a passos largos. (WOOD, 2013, p. 35).

O aumento da população tornou lucrativa a agricultura e o comércio. Grandes donos de terra em procura de lucros fizeram investimentos de capitais em suas fazendas, como resultado disso foi um alimento mais abundante e melhor, que, por sua vez, levou a um aumento da população, todavia, as técnicas na produção passaram a desenvolver-se em forma sempre crescente. As revoluções nos meios de transporte, agricultura e indústria estavam correlacionadas. Agiam como uma força irreversível, isso era o que abriria um espaço novo e antagônico na denominada Nova Inglaterra.

Além disso, a Inglaterra[19] já contava, como foi observado, com as leis protecionistas e financiamentos dos estados que permitirá obter uma posição hegemônica na economia europeia, esses favorecimentos comerciais e marítimos, principalmente o estímulo financeiro à construção naval, serão decisivos para o desenvolvimento comercial desse país, que assim poderá superar seus concorrentes, principalmente os holandeses, que até então dominavam o transporte oceânico europeu e colonial.

Exatamente, o trabalho compulsório nas colônias inglesas representava uma forma de acumulação e desenvolvimento do capital, ao igual que Portugal, Espanha, França e Holanda, e esses territórios representavam, desde o início, uma forma mercantil do desenvolvimento do sistema capitalista[20] na sua plena ascensão. Portanto, torna-se impossível compreender esse processo em forma particular se não levarmos em conta a situação do próprio desenvolvimento colonial em escala mundial. Brasil, África e América Latina, incluindo a Nova Inglaterra (EUA), eram expressões de um novo modo de produção em escala planetária. É surpreendente as observações que

[19] Não podemos esquecer que essas situações históricas estão cheias de contradições, pois: "Desde a Revolução Gloriosa de 1688, a aristocracia sempre monopolizou a direção dos assuntos estrangeiros na Inglaterra. [...] a crescente divisão do trabalho emasculou, em certa medida, o intelecto geral dos homens da classe média, circunscrevendo todas as suas energias e faculdades mentais às estreitas esferas de suas preocupações comerciais, industriais e profissionais. Assim, ocorreu que, enquanto a aristocracia agia por eles, imprensa pensava por eles sobre os assuntos estrangeiros ou internacionais; ambos os partidos, a aristocracia e a imprensa, descobriram muito cedo que seria do interessante de ambos associar-se" (MARX; ENGELS, 2022, p. 37).

[20] Há certos padrões que, independentemente da região e localidade histórica, no período da ascensão e da consolidação da sociedade capitalista aparecem e evidenciam a sua própria lógica de dominação; necessidades intrínsecas da acumulação de capital, como na Inglaterra de Charles Dickens e na França de Emile Zola e Honoré de Balzac, esses nos dão através de sua literatura uma detalhada realidade desse processo.

endossam o raciocínio de um ilustre historiador brasileiro quando descreve este processo histórico:

> A indústria necessita de novos mercados. A miséria do povo na Inglaterra não permitia a expansão do mercado. Mas a criação de uma nova vida nas terras descobertas abre enormes perspectivas para a produção inglesa. Não se trata, porém, de *arrancar riqueza* do novo mundo, nem procurar o Eldorado. Sem dúvida era intenso o sonho de ouro com que a Espanha inundava a Europa maravilhada. Mas o colonizador inglês antes parecia seguir o Conselho de Francis Bacon, segundo o qual "eram perigosas as aventuras, a procura de metais, precária como a loteria, era mais seguro plantar", as metrópoles ibéricas, observa bem Vitor Viana, faziam das colônias campos de extração e, a Inglaterra, objeto de aplicação de capitais. (BASBAUN, 1967, p. 50-51, grifos do autor).

A escravidão representava uns dos pilares da economia nas colônias na América do Norte, principalmente na região sul, pois essa possibilitava o plantio de grandes plantações de tabaco, gerando grandes lucros devido a um solo fértil e quente. A mão de obra foi trazida do continente africano pelos colonizadores ingleses. Posteriormente, o algodão e a cana-de-açúcar passaram a ser produzidos nesses estados do sul, assim, a produção agrícola foi a que dominou até a guerra de sucessão. Também, as colônias centrais teriam seu sistema econômico mais ligado à agricultura. Enquanto essa realidade dominava, o Norte apresentava uma geografia muito diferente, era inadequada para a agricultura, assim, obrigou os colonos a procurarem outras fontes de exploração, como o desenvolvimento da manufatura e do comércio de bens, no início produtos manufaturados e, posteriormente, a produção de produtos industrializados em rápida expansão. Concentrando enormes locais de produção, de comércio e mão de obra para a produção, Boston, Filadélfia, Nova Iorque, entre outros, em décadas duplicaram sua população. O incentivo à emigração para as novas terras era uma preocupação constante, pois, como menciona este autor:

> Essa emigração estava em sintonia com as teorias mercantilistas da época, que defendiam enfaticamente que os pobres fossem alocados em trabalho úteis e produtivos e propugnavam a emigração, voluntária ou involuntária, como medida para reduzir o índice de pobres e encontrar ocupações mais rentáveis no exterior para os vagabundos e desocupados do país. (WILLIAN, 2012, p. 38).

Assim, chegavam de todos os cantos da terra homens livres às terras das oportunidades, somente mais tarde, quando se deparavam com as condições de trabalho e o ritmo da produção, todas as ideias de uma sociedade colonial bucólica e decente caíram por terra. Outro fator que ajuda a compreender esse acelerado fluxo migratório para a Nova Inglaterra é que

> A Inglaterra, ao contrário de Portugal e Espanha, não possuía escassez de mão-de-obra. Apresentava um excedente de população, principalmente depois que houve a grande substituição, em várias áreas de seu território, da agricultura pela criação de ovelhas (ADAS, 1982, p. 138).

Esses acontecimentos demandaram necessidades econômicas em grande escala, a exploração desenfreada das colônias americanas seria, em princípio, uma saída para a metrópole inglesa. Nessas circunstâncias, a escravidão nas colônias apresentava vantagens evidentes. A produção da cana-de-açúcar, o algodão, o tabaco, cujo custo de produção é reduzido ao mínimo pelos turnos ininterruptos de trabalho, os proprietários conseguiram alta rentabilidade. Em suma, como diz o autor, economista e historiador:

> Numa perspectiva histórica, a escravidão faz parte daquele quadro geral de tratamento cruel imposto às classes desfavorecidas, das rigorosas leis feudais e das impiedosas leis dos pobres, e da indiferença com que a classe capitalista em ascensão estava 'começando a calcular a prosperidade em termos de libras esterlinas [...] se acostumando com a ideia de sacrificar a vida humana ao deus do aumento da produção. (WILLIAN, 2012, p. 32).

Contrariamente à ideia do senso comum, os primeiros escravos americanos não foram negros. A colonização teve início com a subjugação das populações autóctones de diversas etnias que aqui se encontravam. Mas essas etnias não se submetiam de forma fácil ao novo tipo de trabalho imposto pelos britânicos e colonizadores. Foi somente no início do século XVII que o comércio de mão de obra escrava africana trouxera uma solução para esse problema. Eis o que diz um historiador:

> Os primeiros carregamentos de escravos negros chegaram à Virginia em 1619, trazido por holandeses. Em 1624, em Jamestown, o primeiro menino negro nascia em solo americano. Era

> Willian Tucker, filho de africanos e oficialmente o primeiro afro-americano. Em duas décadas a escravidão estava presente em todas as colônias e havia uma legislação específica para ela. A escravidão negra concorria com a escravidão branca, mas o contato dos mercadores das colônias com as Antilhas foi servindo como propaganda para o uso da escravidão. Aos plantadores, a escravidão negra foi parecendo cada vez mais vantajosa e seu número crescia bastante. [...] Entre 1619 a 1860, cerca de 400 mil negros foram levados da África para os Estados Unidos. Ao fim da época colonial, havia cerca de meio milhão de escravos nas colônias inglesas da América (KARNAL, 2022, p. 59-61).

Portanto, embora houvesse interesses contrários entre e colônia e a Metrópole, esses, na essência, eram complementares, pois a burguesia mercantil era somente uma classe, tinha expandido seus negócios por todo o globo, a particularidade que a diferenciava era a obtenção do monopólio dos seus negócios. Aqui a educação[21] tinha um papel fundamental para o desenvolvimento econômico e política da sociedade, por isso, explica-se que "A educação será feita e paga por membros da comunidade" (KARNAL, 2022, p. 40).

A intensidade das trocas comerciais proporcionava enormes lucros aos grupos mercantis ingleses que puderam aumentar continuamente seus capitais, reinvestindo-os em novos negócios. No conjunto dessas situações, desenvolveu-se na colônia uma série de resistências à metrópole inglesa, principalmente porque

> Em 1764, o Parlamento aprovou a nova Lei da Moeda, que proibia as colônias de emitir papel-moeda como dinheiro corrente. Essa tentativa impetuosa e simplista de resolver um problema complexo foi apenas mais uma das maneiras que o poder britânico encontrou, durante esse período, para fazer aflorar os profundos antagonismos que existiam entre as colônias e a Inglaterra. (WOOD, 2013, p. 49).

As colônias, assim como o Reino Unido, tinham uma longa tradição de hostilidade e conflitos de interesses, obviamente, as colônias tomaram essas medidas arbitrárias e penalizantes para todas as camadas da sociedade, ao mesmo tempo que o resultado foi uma onda de repúdio contra o império. As

[21] "Os estatutos da Universidade de Yale, datados de 1745, estabelecem alguns elementos interessantes para a compreensão dos projetos educacionais dos colonos" (KARNAL, 2022, p. 40).

classes dominantes da própria colônia temiam que essas medidas levassem a enormes revoltas e a uma radicalização de mudanças sem controle; frente a isso, os comerciantes, banqueiros, sociedade civil, entre outros, criaram associações para protestar contra as medidas e se comprometeram a não mais importar bens da Inglaterra e assim pressionar economicamente a metrópole britânica. Além disso, as colônias organizavam seus representantes para defender os interesses internos das colônias e incentivavam seus habitantes a desobedecerem a qualquer lei que não tivesse sido promulgada pela assembleia daquela colônia, entre outras. O exemplo mais ilustrativo dessa situação é o repúdio à Lei do Selo[22]. Eis uma situação que ilustra estes acontecimentos:

> Em última instancia, foi a violência das multidões que deu cabo à Lei do Selo na América. Em 14 de agosto de 1765, um grupo destruiu o escritório e atacou a casa de Andrew Oliver, responsável pela distribuição de selos em Massachusetts. No dia seguinte, Oliver prometeu não impor o cumprimento da lei. A chegada a outras colônias das notícias sobre os distúrbios trazia consigo novas ameaças e atos de violência semelhantes. (WOOD, 2013, p. 52).

Efetivamente, essas situações reforçavam pouco a pouco a necessidade de uma plena autonomia a nível interno, todavia, economicamente fortalecia cada vez mais a burguesia das colônias americanas que, à época, já acumulava um patrimônio significativo de moedas e capitalização, tendo como fonte principal a mão de obra compulsória e assalariada, a classe dominante foi, então, preparando-se para o completo controle da colônia, já não era necessária a intermediação administrativa da Metrópole britânica visando adequar a estrutura econômica a seu pleno favor e reorganizar do ponto de vista econômico do capitalismo emergente. O cenário histórico da colônia se transformara, neste sentido:

> Havia, na realidade, duas Inglaterra [...] 'Duas nações, entre as quais não há intercâmbio nem simpatia, que ignoram os hábitos, ideias e sentimentos uma da outra, como se habitassem zonas diferentes, são alimentadas com comidas diferentes, têm maneiras diferentes, e não são governadas pelas mesmas leis. (HUBERMAN, 1986, p. 176).

---

[22] De acordo com Karnal *et al.* (2013, p. 77): "É somente com a lei do Selo, de 1765, que notamos uma resistência organizada dos colonos a esta onda de Leis Mercantilistas. A Inglaterra estabelecia, em 22 de março de 1765, que todos os contratos, jornais, cartaz e documentos públicos fossem taxados".

Desde o início da colonização inglesa na América, extensas áreas territoriais do Norte serão privilegiadas por um menor controle da Metrópole em relação ao Sul. Nessas condições, permitiu o desenvolvimento de um dinâmico comércio que, em muitas circunstâncias, saía das fronteiras das próprias colônias, a manufatura e a indústria possibilitaram uma elite econômica no norte da colônia e que durante o processo da colonização conseguira impor seus interesses ao conjunto da sociedade. Isso explica por que a educação é um campo no qual os governos mais investiram, assim como a iniciativa privada. A própria produção e a produtividade aumentaram significativamente graças a certos aperfeiçoamentos técnicos e sociais conjugados. A atenção por parte do governo na esfera da educação foi, desde o princípio, um eixo de desenvolvimento social e econômico, assim:

> Aparentemente, a história da Universidade em toda a sociedade ocidental está marcada por ser uma forma de educação destinada à formação de uma elite econômica, social e intelectual. Nesse sentido, a história da Educação superior dos Estados Unidos não difere muito daquela do resto do mundo: desde princípio era amplamente difundida a imagem de que a universidade era vocacionada para pessoas de classe privilegiada. (GHISOLFI, 2004, p. 28-29).

Em todo caso, não era surpreendente a proibição do desenvolvimento da indústria e o monopólio do comércio eram providências perfeitamente racionais que a Inglaterra incutia à colônia como uma forma de dominação e subjugação, então, se as colônias incentivassem a produção da indústria, agropecuária e agricultura, isso era uma forma de tornarem-se independentes dos produtos vindo da Metrópole. Portanto, a dinâmica das colônias representava um passo na direção da balança do comércio favorável, bem como no sentido de tornar as colônias do país em formação autossuficiente. Além disso, a criação de feiras alargou ainda mais as formas de circulação interna de mercadorias que, por sua vez, permitiram a origem de centros urbanos expressivos, esses criaram necessidades e novas demandas, por isso:

> Na visão dos colonos, o governo inglês não procurava preservar a vida, a liberdade e a propriedade. Pelo contrário, atentava com sua legislação mercantilista contra a propriedade dos colonos e, por vezes, como no M, contra a própria vida dos colonos. As palavras de Locke (Segundo tratado sobre governo) assumiam na colônia o papel ideário de uma revo-

> lução. (...) É importante lembrar que não havia na América do Norte, de forma alguma uma nação unificada contra a Inglaterra. Na verdade, as 13 colônias não se uniram por um sentimento nacional, mas por um sentimento antibritânico (KARNAL, 2008, p. 82).

É interessante observar que, nesse período da colonização da América do Norte, os ideais da educação da burguesia ilustrada são formulados em consonância com as necessidades ascendentes do desenvolvimento capitalista da colônia e não mais da Metrópole inglesa. Portanto,

> Ao contrário do que ocorrera na Europa medieval, onde houve um apoio considerável da Igreja, os *colleges*[23] norte-americanos foram iniciativas das recém-criadas administrações locais (RUBIÃO, 2013, p. 91, grifos do autor).

A educação, nesse cenário colonial, ganha centralidade por ser uma mediação fundamental para possibilitar a acumulação do capital; o conhecimento e sua produção são voltados para atender às necessidades dos colonos a modo de legitimar e influenciar a independência e o nacionalismo da Nova Inglaterra. A posição anticolonialista começa a tomar forma de grupos políticos que lutam e defendem a emancipação, Assim: "Foi apenas em setembro de 1774 que 12 das 13 colônias formaram uma frente unida contra a Grã-Bretanha, no primeiro Congresso Continental" (MIDDLETON, 2013, p. 39).

Os representantes das colônias passam a reunir-se em Filadélfia no 1º Congresso Continental para definir o processo emancipatório; 1774 marca o início desse processo, embora houvesse consenso de não se emancipar da Inglaterra, pois desejavam somente ter representantes[24] expressivos no parlamento inglês; decidiram boicotar o comércio e todos os produtos britânicos, enquanto a Coroa não revogasse as Leis Intoleráveis; como se sabe, a metrópole não cedeu. Assim, ao ver a intolerância, essas também entraram em pauta, pois as Leis Coercitivas[25] implementadas provocaram

[23] "O college seria fundado exclusivamente por uma associação de burgueses, ganhando autonomia tanto com relação à Igreja como ao Estado. Mas o evento mais importante para a história das universidades norte-americanas" (RUBIÃO, 2013, p. 91).

[24] "Durante o século XVIII, o eleitorado britânico compreendia apenas uma minúscula parte da nação. Estimava-se que apenas um em cada seis homens adultos britânicos tivesse direito a voto, enquanto, na América, eram dois em cada três" (WOOD, 2013, p. 64).

[25] Essas leis estão relacionadas ao episódio conhecido como a "Festa do Chá em Boston" (1773), onde inúmeros colonos disfarçados de índios jogaram ao mar carregamentos de chá de diversos navios da Companhia das Índias Orientais, o governo inglês adotou represálias duras contra a cidade e impostos para compensar essas perdas econômicas. Para os colonos, essas "leis eram Intoleráveis". Esses eventos arbitrários serviriam para aumentar e intensificar a resistência contra a Metrópole britânica.

uma rebelião aberta em toda a América. No 2º Congresso Continental, em 1775, o cerne do conflito irreconciliável entre a colônia e a metrópole era a luta pela separação e Independência da América do Norte, Thomas Jefferson, um representante dos democratas, impregnados das ideias iluministas, redigiu a Declaração da Independência dos Estados Unidos, promulgada em 4 de julho de 1776, dando um passo irreversível no processo emancipatório, a Inglaterra reagira declarando guerra as 13 colônias, porém seria pouco provável que o Congresso da Metrópole fosse capaz de reverter a transferência de autoridade em andamento nas colônias. Assim:

> A guerra foi uma sucessão de batalhas que ora favoreciam os britânicos, ora os colonos. Vitorias dos colonos – como em Saratoga – permitiram que o embaixador das colônias, Benjamin Franklin, conquistasse em definitivo o apoio espanhol e Francês. A França envio exército e marinha [...]. A Holanda também aproveitou a guerra para atacar possessões inglesas, ainda que a princípio não reconhecesse a independência das colônias. As rivalidades europeias, dessa vez, eram canalizadas a favor dos colonos. (KARNAL *et al.*, 2013, p. 89).

Também, esse processo emancipatório das colônias americanas abalaria todo o comércio a nível mundial, principalmente o tráfico de escravos que era representado por empresas extremadamente lucrativas, sediadas nas principais capitais do Reino Unido, Liverpool e Bristol, que eram os centros que abasteciam as colônias de Espanha, Holanda, Portugal e França. Portanto, "a luta pela independência foi, ao mesmo tempo, uma guerra civil e um conflito internacional" (MIDDLETON, 2013, p. 14). Também:

> A revolução americana provocou uma grave interrupção no tráfico. 'nosso comércio com a África, antes intenso, está parado', lamentava um documento em 1775. Estando com seus 'bravos navios guardados e sem uso', os traficantes de escravos de Liverpool passaram a operar como corsários, aguardando ansiosos pelo retorno da paz, sem jamais lhes ocorrer que estavam presenciando os estertores finais de uma velha época e as dores do parto de uma nova era. (WILLIAMS, 2012, p. 74).

Era essa a situação das 13 Colônias até a época da Independência, portanto, a Constituição da América do Norte nasceu com a sua Independência em 1776, quando deixa de ser uma colônia da Grã-Bretanha, Espanha e França, anterior a essa data, 13 colônias inglesas da América eram independentes entre si, porém tinham que prestar contas e obediência direta ao governo de Londres e dos demais países colonizadores. Dois anos antes da revolução as autoridades britânicas impuseram leis que restringiam os direitos de comércio e os direitos políticos dos cidadãos americanos. Para fazer frente a esse problema, a população se reúne em Filadélfia (Massachusetts), que redige e aprova uma resolução dos direitos de todos os colonos nas colônias do país, embora cada uma delas continuasse a ter o seu governo local. Em suma:

> Pelo retorno George Washington (colono da Virginia) foi indicado para chefiar as tropas americanas. Thomas Jefferson, um dos membros do congresso, ficou incumbido de escrever a declaração de Independência dos Estados Unidos da América do Norte, a qual foi adotada no dia 4 de julho de 1776. Nasciam os Estados Unidos da América do Norte, com a bandeira de treze barras, simbolizando as treze colônias (ADAS, 1982, p. 140).

Depois da Declaração de Independência, em 4 de junho de 1776, o Congresso Nacional passou a chamar "Estado" a cada Colônia (posteriormente, a denominação de Estados Unidos); sobretudo, uma questão muito importante de autonomia: "Se algum estado considerasse que alguma lei federal constituía uma violação a seus interesses, poderia declarar essa lei anulada e o governo federal deveria desistir de aplicá-la" (KARNAL, 2013, p. 112). Além disso, essas medidas promulgadas extrapolaram o território da nação, uma vez que

> A Declaração de Independência estabeleceu uma filosofia de direitos humanos que poderia ser aplicada não só aos americanos, mas a povos de todas as partes. Era essencial dar à revolução um apelo universal. [...] A herança do pensamento liberal em que os colonos se inspiraram abrangia não só os tratados políticos de filósofos notáveis como John Locke, mas também os escritos de panfletos populares do século XVIII. (WOOD, 2013, p. 83-85).

Nesse sentido, essas revoluções trazem contradições que, por meio do tempo, não desapareceram, ressurgiram com forças colossais que, inevitavelmente, o desenvolvimento do processo histórico cobrará a sua resolução; eis muito oportuno observar uma concepção científica da sociedade baseada em um processo inevitável da história do mundo.

A concepção do desenvolvimento histórico das sociedades humana em Marx (O domínio Britânico na Índia)

"A Inglaterra, por um lado, destruiu todo o arcabouço da sociedade hindu, sem ter manifestado até agora o menor desejo de reconstituição. Esta perda do seu velho mundo, nem a conquista de um novo, dá um caráter de particular prostração à miséria do hindu e desvinculada o Hindustão governado pelos britânicos de todas as suas velhas tradições e de toda a sua história passada. Desde tempos imemoráveis, não existiam, em regra geral, na Ásia, mais de três ramos da administração: o das finanças, ou da pilhagem interior; o da guerra, ou da pilhagem exterior, e, ou fim, o de obras públicas [...] por isso, por graves que tenham sido as consequências da opressão e do abandono da agricultura, não podemos crer que este tenha sido um golpe de misericórdia assentado pelo invasor britânico contra a sociedade hindu, se não levamos em consideração que tudo isso veio acompanhado de circunstâncias muito mais importantes que constituem uma novidade nos anais de todo o mundo asiático. Por mais importante que tivessem sido as mudanças políticas experimentadas no passado pela Índia, as suas condições sociais permaneceram intatas desde os tempos mais remotos até o primeiro decênio do século XIX. O tear manual e a roça de fiar, origem de um exército incontável de tecelões e fiandeiros, eram os eixos centrais da estrutura social da Índia. [...] O invasor britânico acabou com o tear manual e destruiu o torno de fiar. A Inglaterra começou por desalojar dos mercados europeus os tecidos de algodão da Índia; depois, levou o fio torçal à Índia e acabou por invadir a pátria do algodão com tecidos de algodão. [...] O vapor britânico e a ciência britânica destruíram em todo o Hindustão a união entre a agricultura e a indústria artesão. [...] Contudo, por mais lamentável que seja, do ponto de vista humano ver como se desorganizam e se dissolvem essas dezenas de milhares de organizações sociais laboriosas, patriarcais e inofensivas; por mais triste que seja vê-las desaparecidas num mar de dor, contemplar como cada um dos seus membros vai perdendo ao mesmo tempo as suas velhas formas de civilização e os seus meios tradicionais de subsistência, não devemos esquecer simultaneamente que essas idílicas comunidades rurais, por inofensivas que parecessem, constituíram sempre uma sólida base para o despotismo oriental; restringindo o intelecto humano aos limites mais estreitos, convertendo-o num instrumento de submisso da superstição, submetendo-o à escravidão de regras tradicionais e privando-o de toda grandeza e de toda iniciativa histórica. [...] É bem verdade que, ao realizar uma revolução social no Hindustão, a Inglaterra agia sob o impulso dos interesses mais mesquinhos, dando provas de verdadeira estupidez na forma de impor esses interesses. Mas não se trata disso. Do que se trata é de saber se a humanidade pode cumprir a sua missão sem uma verdadeira revolução a fundo do estado social da Ásia. Se não pode, então, e apesar de todos os seus crimes, a Inglaterra foi o instrumento inconsciente da história ao realizar essa revolução." (MARX, K; ENGELS, F. **Obras Escolhidas**. São Paulo: Editora Alfa-Ômega, s/d. v. 1.)

A ideia de que o desenvolvimento social possui como alicerce fundamental formas de produção da vida humana manifesta-se na obra de Marx como uma noção metodológica. Significava que no processo de procura dos fundamentos da vida social, quando se analisam os acontecimentos históricos, não se pode observá-los na sua superficialidade ou fora do contexto em que eles estão sendo produzidos. A pesquisa deve ir às essências dos fenômenos, a modo de esclarecer os fundamentos materiais (reais) e econômicos do movimento social. O desenvolvimento do modo de produção é a base da evolução de todas as formas da vida social. Portanto, os eventos que culminaram com sua independência não podem ser encontrados na sua análise superficial, pois eles remetem a um processo histórico, logo:

> O final do século XVII e todo o século XVIII foram acompanhados de muitas guerras na Europa e na América. De muitas formas, essas guerras significaram o início do processo de independência das 13 colônias com relação à Inglaterra. A primeira dessas guerras ocorreu no final do século XVII, anunciando o clima de conflitos permanentes que acompanhariam as 13 colônias durante quase todo o século XVIII. Trata-se da Guerra da Liga de Augsburgo, que, nas colônias inglesas, foi chamada de Guerra do Rei Guilherme (Willian). Essa guerra foi uma reação da Inglaterra à política expansionista do rei Luís XIV da França. (KARNAL, 2022, p. 67).

Como foi observado, a guerra pela independência abrangeu várias fases distintas até a proibição de manter relações com autoridades da metrópole, inclusive garantir a representatividade do povo nas assembleias legislativas populares. Esse último conflito perduraria por cerca de oito anos, os britânicos à época possuíam um exército bem-treinado capaz de derrotar as forças americanas, porém, esses últimos possuíam um aliado inigualável: "Os britânicos nunca tiveram a exata dimensão do que enfrentavam – uma luta revolucionária com amplo apoio da população" (WOOD, 2013, p. 106).

Tendo como fundamento as constituições estaduais, foram redigidas as leis que permitiam organizar a "nova sociedade", escolher seus governadores, câmaras legislativas estaduais, bem como escolher juízes que permitiram legitimar o processo de democracia nascente, sob a "autoridade do povo", claro essa que muitos aspectos da realidade social ficaram vagos ou não foram considerados, como os direitos das minorias étnicas, negros, índios, nipo-americanos, escravos libertos, direitos femininos, entre outros. O único poder que realmente mandava era a classe política dominante, pois:

> Em nenhuma parte <<os políticos>> formaram um clã mais isolado e mais poderoso na nação do que, precisamente, na América do Norte.; lá, cada um dos dois grandes partidos, que se substituem no poder, é ele próprio dirigido por pessoas que fazem da política um negócio [...] É precisamente na América que nós podemos ver como o poder do Estado chega à independência face à sociedade, de quem, originariamente, não devia ser mais do que um simples instrumento. (MARX, 1971, p. 29, grifo no original).

Os fundamentos e os valores que inspiraram os textos básicos da fundação dos Estados Unidos da América do Norte eram também fontes seguras e legítimas para justificar a luta contra a escravidão, porém,

> Ao final da época colonial, havia cerca de meio milhão de escravos nas colônias inglesas da América do Norte. A escravidão não sofreria abalos com o movimento de independência, levado adiante, em parte, por ricos escravocratas. Os ventos de liberdade de 1776 tinham cor branca [...] (KARNAL *et al.*, 2013, p. 65-66).

A liberdade constituía-se em um direito inalienável de todas as pessoas, como indicava a Declaração de Independência, não existia a possibilidade de negá-la a uma esfera significativa da população, a não ser que negasse a própria essência de uma "sociedade democrática". Os representantes da zona sulista que justificavam a escravidão como uma condição necessária ao desenvolvimento do país tiveram que partir de uma premissa que negava a igualdade estabelecida nas leis constitucionais. Para eles, as pessoas nasciam naturalmente desiguais, justificando-se o domínio das que organizavam e mandavam sobre aquelas que deveriam ser dominadas.

Os membros do norte viam na escravidão um obstáculo à formação de uma verdadeira nação[26], pois mantinham segmentos da população subjugada a outra parcela, como inimigas entre si. Para esses, a escravidão impedia a integração social. A revolução civil, em parte, resolveria esse impasse; todavia, "Na época em que a guerra terminou, alguns fazendeiros haviam passado a entender que a escravidão 'era errado", e que a Declaração da Independência significava mais do que eles foram capazes de entender" (DAVISON, 2016, p. 181). Efetivamente, aparentemente tudo seguia igual, porém, como um

[26] "A missão econômica e técnica da Universidade, [...] é também bastante evidente: formar quadros, tão competentes quanto possível, nos diversos âmbitos da atividade nacional. Desta perspectiva, a universidade seria, no limite, apenas uma grande usina, cujo papel principal seria adaptar a juventude às necessidades econômicas do presente e às necessidades do futuro" (KOURGANOFF, 1990, p. 31).

vulcão adormecido, iam-se projetando e modificando os processos sociais injustos. A educação tornar-se-ia uma peça-chave, ainda que não fosse exclusiva, para o desenvolvimento dos processos produtivos e de formação humana. Acima de tudo, os processos educativos se encontrarão vinculados à indústria e à agricultura que começa a engatinhar seus primeiros voos de forma independente da Metrópoles inglesa.

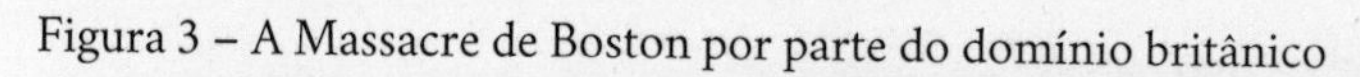
Figura 3 – A Massacre de Boston por parte do domínio britânico

Fonte: Ali Express

A gravura mostra a colonização inglesa na América do Norte: "Massacre de Boston". Paul Revere ilustra os eventos ocorridos em 5 de março de 1770. Os mesmos desencadearam múltiplas revoltas em todo o território nacional que impulsionaram sua independência.

Entretanto, a nova Constituição Democrática[27] permitia a aprovação de emendas das quais foram sendo incorporadas de forma gradativa. É essa constituição que vigora na atualidade nos Estados Unidos. A liberdade econômica foi muito bem cuidada, as liberdades de propriedade, de exploração agrícola, da produção e do comércio, da exploração do trabalho compulsório e do solo foram minuciosamente tratadas, principalmente nas regiões do sul, nas quais estavam muito bem representadas.

> O reduto da escravidão era o sul do país. Principalmente nas regiões produtoras de tabaco e algodão, na Virgínia, Geórgia e Maryland. Nessas regiões, ter um escravo era o mesmo que ter um valioso bem e a quantidade de escravos simbolizava posição de prestigio social do proprietário. Além disso, a ideia de que brancos e negros jamais poderiam conviver em harmonia também reforçava a escravidão, na medida em que, segundo essa premissa, nada se poderia fazer com os negros caso ficassem livres. (KARNAL *et al.*, 2013, p. 124).

Cumpre lembrar ainda que também se deflagrava um processo interno de lutas territorial, os Sioux, Apalaches, Iroqueses, Cherokee, Moicanos, entre outras, eram nações indígenas que habitavam as planícies do Norte e do Sudoeste da América do Norte, não será um intercâmbio cultural, econômico e social harmonioso, pelo contrário, seria um encontro de resistência bélica contra os invasores colonos, como no resto da América Latina e das colônias, essas lutas se estenderam por séculos adentro.

A imagem mostra os conflitos e o extermínio dos povos originários que ofereciam justa resistência à invasão de seus territórios pelos colonos europeus, em um primeiro momento, britânicos e, depois, pelos colonos das 13 colônias. Esses costumavam invadir aldeias indígenas para capturar os homens e utilizá-los para o trabalho escravo.

[27] "A democracia é apresentada como sendo o governo do povo, mas sua forma de constituição e exercício parece corresponder ao significado vulgar de poder do demônio, espírito maligno que busca a perdição da humanidade, apresentando-se ao mesmo tempo como aquele que pode satisfazer seus desejos e necessidades" (ARRUDA, 2004, p. 115).

Figura 4 – Povos autóctones em luta contra os colonizadores

Fonte: stringfixer.com

Qualquer que fosse a lógica da colonização, seus métodos e procedimentos estavam fundamentados na violência e na hostilidade das culturas encontradas. Como no Brasil e, na verdade, onde a escravidão vigorasse, os obstáculos morais e ilegais eram contornados por uma ideologia própria. Aceitava-se a noção de "guerra justa", uma forma de legitimar a criação desse mundo hostil e bárbaro. A emancipação dos povos cativos sempre foi um objetivo a ser alcançado, mesmo nas condições mais adversas que se podia estar. Por exemplo, diante da violência da escravidão, as populações negras resistiram de diversas formas, encontramos a seguinte situação na América:

> O historiador norte-americano Aptheker retrata algumas formas de resistência: lentidão no trabalho, doenças fingidas, maus-tratos aos animais da fazenda, fugas, incêndios, assassinatos (especialmente pelo veneno), automutilações etc. Em 1740, os escravos tentaram, em Nova York, envenenar todo o abastecimento de água da cidade [...] A escravidão não sofreu abalos com o movimento da independência. (KARNAL *et al.*, 2013, p. 65-66).

Esses episódios se conjugaram com fontes políticas organizadas, os governos centrais começaram uma série de reformas de modo a atenuar os conflitos e o descontentamento das populações excluídas e marginalizadas.

O poder político constituído perfaz algumas leis em que se reconhecia a cidadania das populações libertas da escravidão, embora essas medidas jurídicas ficaram sem ação em algumas localidades do território norte-americano, principalmente na região sul do país. WILLIAMS (2012) analisa essa questão da seguinte forma:

> A política seria implementada por decretos, as "ordens em conselho", nas colônias da Coroa (...) As reformas incluíam: o fim do uso do chicote; o fim do mercado de escravos aos domingos, dando-lhes mais um dia de folga para que tivessem tempo de receber instrução religiosa; proibição do açoitamento de escravas; alforria compulsória dos escravos domésticos e da lavoura; libertação das crianças de sexo feminino nascidas depois de 1823; aceitação de depoimentos de escravos nos tribunais; criação de caixas econômicas para escravos; jornada de nove horas; nomeação de um protetor dos escravos com a obrigação de, entre outras coisas, manter um registro oficial das punições infligidas aos escravos. Não era libertação, e sim melhorias; não era revolução, e sim evolução. A escravatura morreria pelas mãos da bondade (WILLIAMS, 2012, p. 270).

A conquista da independência americana foi um desastre para os povos indígenas.[28] Nessa face do capitalismo comercial, todas aquelas áreas do continente americano que puderam produzir produtos ao mercado interno e europeu foram imediatamente incorporadas à produção e sobre elas implantou-se um forte sistema de controle e de exploração de recursos naturais e de trabalho livre e compulsório em grande escala. Cabe mencionar que a escravidão teve uma razão econômica e não racial, não havia justificativa que colocasse a cor como um elemento de escolha do trabalhador, e sim o baixo custo da mão de obra. O ritmo destes acontecimentos possibilitaria que:

> No final do século passado, os EUA já eram a primeira potência industrial do mundo. Desde 1823, esse país começou a assumir uma política imperialista sobre o continente, através da Doutrina Monroe [...] que pregava: 'A América para os Americanos'. Depois dessa doutrina veio a face intervencionista dos EUA na América Latina, através de várias doutrinas resultantes da Doutrina Monroe (Corolário Polk, política do Big Stick, diplomacia do dólar, etc.). (MELHEM, 1982, p. 251).

[28] "Centenas de tribos indígenas habitavam a América do Norte até a chegada dos europeus. Há uma variedade enorme nessas tribos: só em línguas diferentes encontram-se mais de trezentas (KARNAL *et al.*, 2013, p. 59).

Na década de 1850, os Estados Unidos já haviam se expandido territorialmente, compraram todo o território da Alasca que pertencia a Rússia czarista, havia apossado da ilha de Havaí, também, passou a adquirido 40% do território de México[29] e outros territórios ultramarinos, além do mais, acelerava e ampliava o processo da industrialização, transportes, comunicação, telégrafos, estradas, ciência etc. A constante procura pela inovação e a concorrência levou a procurar novas tecnologias tanto da manufatura e indústria da região Norte quanto na zona agropecuária e agrícola do Sul, essa última permitirá a formação de uma poderosa aristocracia rural. Contraditoriamente, as primeiras universidades surgiram na parte agrícola da nação, a procura de novas formas de plantio levou o governo local a incentivar as primeiras universidades agrícolas que se têm conhecimento. Tinham como intuito, por meio da pesquisa e da experimentação, melhorarem a eficiência produtiva no campo, os produtores de algodão conseguiram maiores margens de lucro apesar do declínio do preço do algodão a nível mundial.

O ensino superior na América ficara fortalecido porque o estado incentivara Campanhas Nacionais para captar recursos financeiros, até hoje essa prática existe, chamada de "fundraising" (ou seja, fazer amigos), essas políticas de doações permitem às instituições prestar serviços à comunidade e preparar os alunos para os papéis sociais que são mais preeminentes para a sociedade. Essas instituições são pensadas dentro do conceito de filantropia. Existe uma diferenciação fundamental entre a evolução do conceito para os europeus e para os norte-americanos; para os primeiros significa aspectos que levam à virtude, desprendimento e caridade, há uma satisfação pessoal, possui um sentido religioso, enquanto para os últimos, a filantropia está associada à preocupação com a comunidade, procura-se a melhoria da qualidade de vida em geral, envolve uma responsabilidade social. Pode-se afirmar, sem dúvida nenhuma, que

> A história do ensino superior dos Estados Unidos reflete muito bem a história do país. [...] Assim, com o desenvolvimento sociocultural das comunidades, não tardariam muito a surgir os primeiros *colleges* — Harvard, em 1636, seria precursor, que deram início ao ensino superior na colônia. (RUBIÃO, 2013, p. 91).

[29] "Os Estados Unidos tomaram 1,2 milhão de quilômetros quadrados de terra de México, o território recém – adquirido forçou o Norte – americanos a lidar com uma questão sobre o qual a maioria dos políticos preferia não falar. A escravidão e a liberdade podiam existir lado a lado?" (DAVISON, 2016, p. 21).

É dessa época que o estado estava quase ausente na educação superior, a nascente universidade surgia como uma instituição privada, assim, desde o começo a iniciativa particular passou a interferir no desenvolvimento na educação pública e gratuita, contraditoriamente. As universidades recebem doações financeiras de empresas, materiais ou equipamentos. "A obsessão nacional dos Estados Unidos com a educação nasceu com a revolução" (WOOD, 2013, p. 153), afirma um estudioso que pesquisou essa época. Devemos observar que a segregação racial estará implícita na educação, para tanto, começaram a surgir as universidades para as populações negras e outras etnias; a mais importante da época foi a fundação da universidade Howard, em 1867. Essa receberá alunos de todas as partes, principalmente estudantes estrangeiros da África e do Médio Oriente.

Historicamente, o ensino superior nos Estados Unidos está relacionado ao modelo alemão, esse foi implantado desde a emancipação inglesa, uma vez que Alemanha tinha uma tradição consagrada a esse tipo de ensino já nessa época; esse país tinha fundado inúmeras escolas de ensino superior e essas tinham objetivos de desenvolver a ciência e produzir conhecimentos, embora estivessem atreladas ao clero dominante. A esse respeito, diz um pesquisador:

> É sabido que a primeira Universidade alemã foi fundada em Praga (agregado à Alemanha, na época), em 1347, por Carlos IV. Em seguida, em ritmo sempre crescente, surgiram as de Viena (1364), Heidelberg (1386), Colônia (1388), Erfurt (1392), Leipzig (1409), Rostock (1419), Lowen (1426), Greifwald (1456), Freiburg Br (1457), Basiléia (1460), Ingolstadt (1472), Treveri (1473), Mainz (1476), Tübingen (1477), Wittemberg (1502) e Frankfürt / Oder (1506). Essas universidades foram criadas com aprovação papal e imperial e tinham caráter internacional para a formação do clero. (PROTA, 1987, p. 66).

Efetivamente, ao contrário de Portugal, os ingleses fundaram universidades nas regiões colonizadas, as universidades nos Estados Unidos não são criações recentes, elas estão relacionadas a períodos anteriores à independência americana do final do século XVIII. Portanto, como foi indicado, essas foram fundadas no modelo alemão[30], assim, o ensino superior

[30] No século XV, as universidades alemãs gradativamente transformaram sua essência escolástica em movimento humanístico. Vê-se a universidade como um lugar da verdadeira pesquisa, de conhecimento elevado. O que caracteriza as instituições é uma concepção filosófica da "verdade". É uma preocupação para essa época. A razão é o termômetro da verdade.

americano terá, desde seu início, um modelo humanista, característico da universidade moderna. Assim:

> Tendo fundado, como também disse, Lincoln em Gettysburg: 'neste Continente uma nova nação, concebida na liberdade e dedicada à proposição de que todos os homens foram criados iguais', e tendo construído uma forma constitucional de governo baseada nessa igualdade, [...] que a liberdade e a igualdade política não podiam conservar-se sem educação generalizada. (LUZURIAGA, 2005, p. 60).

Efetivamente, os líderes revolucionários projetaram planos realistas para estabelecer sistemas escolares públicos e de acesso democrático. Como consequência:

> Os americanos formaram numerosas organizações científicas e sociedades médicas, e inundaram o país com toda sorte de materiais impressos. Três quartos de todos os livros e panfletos publicados nos Estados Unidos entre 1637 e 1800 apareceram nos últimos 35 anos do século XVIII. Entre 1786 e 1795, 28 revistas eruditas voltadas para cavalheiros foram criadas, seis a mais do que em todo o período colonial. Como os americanos pretendiam se tornar um povo refinado e civilizado, buscavam manuais de aconselhamento para tudo – desde a escrita de cartas a amigos até a preparação para fazer uma reverência. [...] Embora jornais fossem relativamente raros antes da revolução, em pouco tempo passaram a ser criados em ritmo estonteante, transformando o povo americano no maior público leitor desse tipo de publicação em todo o mundo. (WOOD, 2013, p. 153-154).

Efetivamente, somente ao final dessa década o governo federal assumira seu compromisso de financiamentos dos estabelecimentos escolares dos estados constituídos, antes seu financiamento era assegurado por associações religiosas, fundações de homens de negócios, associações filantrópicas etc.

O ensino superior representava o desejo às necessidades espirituais e econômicas, nascia uma nova cultura, anglo-americana, que levava ao extremo a importância do conhecimento ao mundo do trabalho. Assim:

> O ensino superior não tinha como deixar de seguir essa tendência. Muito além do gentleman — da tradição inglesa —,

> o novo arquétipo da sociedade norte-americana era o self made man, cuja formação passava mais pelo profissionalismo pragmático, com a valorização do trabalho, do que por uma 'cultura geral' nos moldes europeus. Essa tendência, aliás, fica clara naquele que é considerado o ato fundador das universidades norte-americanas: a promulgação do Morril Act, ou lei das Land-grant universities, como ficou conhecida. (RUBIÃO, 2013, p. 93).

Essa lei que foi implantada durante a presidência de Abrão Lincoln, em 1862, determinava que a educação superior se trabalha em íntima relação com a indústria e a agricultura, sem excluir as outras matérias científicas ou tradicionais. Assim, "davam à pesquisa acadêmica uma ponte natural e direta com o setor empresarial, que retribuía apoiando e financiando as instituições universitárias" (RUBIÃO, 2013, p. 94). Essa necessidade econômica definiu, desde cedo, que a educação deveria ser um mecanismo de reforço dessa própria relação capitalista, pois nos espaços escolares se transmite as formas de justificação da divisão de trabalho vigente, possibilitando produzir uma consciência social de legitimação e aceitação da sua condição de trabalho, como algo natural, instrumento necessário à dominação social[31].

Desde o início da Independência Americana os governos tiveram uma preocupação constante de que todos os seus habitantes pudessem acessar os espaços universitários e a educação em geral, que se implantariam ao longo do território nacional. Não é sem razão que um pesquisador se refere a esses eventos afirmando que: "O grande interesse pela educação tornou as 13 colônias uma das regiões do mundo onde o índice de analfabetismo era dos mais baixos" (KARNAL, 2022, p. 42). Mas quem usufruía desses direitos à educação? Eram os "Notáveis", eram os cidadãos (principalmente filhos de proprietários, comerciantes ou burgueses, industriais, mercadores etc.) que se haviam destacado por sua posição pública diante das conquistas emancipatórias da nova sociedade. Na verdade, eram os representantes das classes dominantes nas colônias que tinham seus negócios espalhados fora das fronteiras, que eram beneficiados com a educação superior. Outrora seus estudos de formação se davam na metrópole britânica ou mesmo nos países europeus.

[31] "O caminho que garante a reprodução a reprodução da força de trabalho, e com isso as relações materiais de produção, precisa ser preparado pelos aparelhos ideológicos. A reprodução material das relações de classe depende da eficácia da reprodução das falsas consciências dos operários. Essa são criadas e mantidas com auxílio da escola" (FREITAG, 1986, p. 34).

Ao romper os laços coloniais, também eles procuraram apagar a cultura do colonizador britânico. A década da revolução viu nascer inúmeras sociedades humanistas, houve uma extensa proliferação cultural, fundaram-se clubes de leitura por todo o país, palestras e sociedades de debate, surgiram novos jornais e revistas, colocando o povo americano no maior público leitor da época, redes solidárias de caridade e humanistas surgiram um cada dia. Assim, em relação ao ensino superior, os americanos, ao optarem pelo modelo alemão para organizarem a educação nacional, também definiram o desenvolvimento de pesquisadores nas suas mais diferenciadas áreas do conhecimento humano, principalmente como menciona um pesquisador: "nos Estados Unidos, que assimilou o modelo alemão, houve inovação ao nível da formação dos cientistas" (ROSSATO, 2005, p. 95).

Os anos que se seguiram à revolução, das ex-colônias britânicas, dedicaram grande esforço e preocupação para reformar sua cultura, adaptando e criando novas formas de "emancipação social", nessa construção ficava claro que, pelas experiências de outrora, a sociedade tinha construído uma percepção de que a tirania e a opressão tinham como fundamento a falta de educação, e a transformação para os revolucionários passa pela questão do acesso à cultura e aos bens produzidos. Além do mais: "Os americanos formaram numerosas organizações científicas e sociedades médicas, e inundaram o país com toda sorte de materiais impressos", nas palavras do historiador que analisou esses acontecimentos históricos. Na época, alertavam os líderes, a educação deve ser uma obsessão para a revolução, somente com ela poderemos ser verdadeiramente livres; e ainda mais:

> O habitual antagonismo dos colonos com relação ao poder real. [...] Ela não só preparou os colonos intelectualmente para a resistência, mas também ofereceu uma justificativa poderosa para as diversas diferenças com relação ao que parecia ser uma metrópole decaída e corrupta. As ideias herdadas continham um conjunto elaborado de regras para a ação política comandada pelo povo. Como o povo conseguiria identificar um tirano? Quanto tempo deveria tolerar abusos? (WOOD, 2013, p. 87).

Contudo, ainda que se declarasse que toda soberania estava no fundamento do povo, apesar de todos os esforços por consolidar uma democracia, muitos setores sociais ficaram iludidos e traídos pelos novos representantes políticos das ex-colônias, as nações indígenas, emigrantes, negros, ex-escravos, entre outras etnias, continuaram a enfrentar dificuldades de acessar aquilo que a constituição defendia por direito; por exemplo, a demarcação das terras indígenas nunca se consolidou, ao contrário, especuladores de terra obrigaram as nações indígenas a abrir mão de seus territórios para assentar as grandes fazendas de produtores. Assim, o período que se seguiu à Independência política pouco tinha mudado, por isso se entende que algumas lideranças de tribos expressivas formaram alianças para poder reagir a essas novas arbitrariedades sociais. O que parecia um triunfo garantido com a independência, aguardado por multidões étnicas, principalmente colonos, indígenas e negros, transformou-se em uma enorme desilusão e desânimo social. As populações autóctones continuaram perdendo suas terras, agora não mais para os colonizadores britânicos, mais para os colonos das 13 colônias; assim, inaugurava-se uma nova fase do desenvolvimento da economia capitalista. As nações indígenas viram-se obrigadas a migrar para territórios mais densos e inóspitos da nova nação. Todavia:

> A imigração europeia havia introduzido na América do Norte doenças para as quais os índios não tinham defesa. As epidemias nas colônias inglesas atingiram os índios da mesma forma que nas áreas ibéricas. O sarampo matou milhares de indígenas em toda a América. A ocupação das terras indígenas por parte dos colonos baseava-se em argumentos de ordem teológico. [...] Embora o fato seja bem pouco conhecido da história norte-americana, os índios também foram escravizados. Os colonos das Carolinas, em particular, desenvolveram hábitos de vender índios como escravos. Em 1708, a Carolina do Sul contava com 1400 escravos índios. Essa prática permanecerá até a independência. (KARNAL, 2022, p. 55).

Efetivamente, esse processo contínuo, além da espoliação dos colonizadores britânicos, como foi observado, as nações indígenas continuaram a ser expropriadas de suas terras e abriu-se uma série de pré-conceitos de modo a legitimar e justificar o esbulho e a dominação desses povos milenares, que, ainda nos tempos atuais, as feridas históricas não se fecharam.

A imagem mostra a diversidade étnica e cultural das nações indígenas antes da chegada do colonialismo britânico à Nova Inglaterra.

Figura 5 – Nações Indígenas antes da chegada dos colonizadores

Fonte: Laifi.com

É digno de notar que os abolicionistas faziam progressos importantes, lutavam por garantir os direitos civis da população negra, porém, os setores mais conservadores conseguiam aprovar leis que iam contra a própria Constituição, uma vez que "estavam previstas penas de prisão para os filantropos que instruíssem os escravos, e, na Carolina do Sul, o abolicionista arriscava-se à prisão perpétua" (FABRE, 1967, p. 25).

Esse sistema econômico veio a consolidar o preconceito racial, assim como nas demais colônias, justifica que era um direito jurídico manter às populações negras nessas condições sociais, visavam impedir o escravo de aceder à liberdade. Essas leis seriam mantidas mesmo após à Independência. Portanto, em inúmeras circunstâncias, as populações negras procuraram reverter esse quadro de desigualdade e exclusão, em muitas localidades do território nacional emergiram levantamentos que colocaram em xeque o poder do estado, e Virginia (chegou a tornar-se em um território em estado de sítio, esses conflitos perduraram por décadas), Oregon, nas costas de

Boston, Carolina do Sul, entre outros, seriam fontes de conflitos violentos, inclusive os administradores locais tiveram que pedir ajuda ao governo central para neutralizar e apaziguar essas revoltas que se estenderam pelas camadas sociais mais desprotegidas social e economicamente.

Ainda mais revelador, essa situação nos dias de hoje pouco mudou. Essa manutenção das desigualdades sociais e econômicas é uma das características inerentes à relação moderna de organizar a vida social. Consequentemente, a crise da qual as sociedades enfrentam não se reduz simplesmente a uma esfera política, mas trata-se das instituições capitalistas de controle social e seu franco declínio sem medida.

Figura 6 – Uma família completa de escravos (raro para a época) de Carolina do Sul

Fonte: Karnal (2013, p. 124)

Muitos passaram a questionar os caminhos que a nova América estava trilhando. A aprovação de leis injustas, em favor de interesses particulares, estava destruindo os laços conquistados duramente, o espírito público estava deixando de ser uma condição necessária à democracia da nova república americana, inclusive "Em 1786, pela primeira vez na história americana, empregados participaram de uma greve contra empregadores" (WOOD, 2013, p. 151). Mas foi apenas o começo desses confrontos e conflitos de classe.

Por outro lado, a revolução, ao democratizar profundamente as novas assembleias do solo americano (principalmente o distrito de Belmonte (Carolina do Norte), esse foi o primeiro estado da Federação a introduzir o voto feminino no solo americano), ao aumentar o número de legisladores e alterar suas características sociais, trouxe consigo também a eternização das diferenciações de classe, isso, no seu conjunto, implicaria novas contradições e novas resoluções para as classes que se encontravam novamente em situação de subordinação e desigualdade social, econômica e política. Uma das novas lutas que os americanos travaram foi a abolição da escravidão, pois as regiões do sul menos industrializadas consideravam essa condição de trabalho com uma ordem natural. Para tanto:

> A igualdade – a ideia mais poderosa de toda a história americana – previa o fim da incessante disputa por posição ou graduação e as ferozes contendas entre várias facções políticas que tanto afligiram o passado colonial. Como se acreditava que a discórdia estava enraizada nas desigualdades artificiais da sociedade colonial, criadas e fomentadas pela influência e sob o patrocínio da coroa britânica, a adoção da república prometia uma nova era de harmonia social. (WOOD, 2013, p. 130).

Esse princípio de igualdade estabelecido pela Constituição americana seria letra morta, pois o Sul não abrira mão do trabalho compulsório sem provocar a guerra civil americana[32], portanto, "Enquanto a escravidão dominava no Sul, os Estados do Norte enfatizavam o trabalho livre" (KARNAL, 2013, p. 107). Realmente, essas contradições de ordem econômica somente seriam resolvidas com o conflito bélico interno. Os grupos mais afetados foram os escravos, pois foram forçados a participarem diretamente da guerra.

[32] Chamada de Guerra de Secessão ou Guerra Civil Americana que aconteceu nos anos de 1861 a 1865, sua causa principal foi a abolição do trabalho escravo no território nacional, por meio dos que defendiam a União (dos Estados) e os Confederados que defendiam a continuação do trabalho compulsório. Deve-se lembrar que o Norte estava em um processo contínuo de industrialização e o Sul continuaria agrário.

O clima de tensão em toda a nação fez ressurgir sentimentos que exigiam novas posturas daqueles que representavam o poder constituído. Para a população não se sustentava mais a tese de república harmônica e democrática, em que todos são iguais perante a lei, avançando a uma sociedade ideal ao construir a nação. Era, portanto, o despertar de uma nova fase de lutas em que as classes sociais subordinadas começam a empreender para a sua emancipação no plano econômico e, em forma posterior, adquirirá uma dimensão superior, a luta política. Eis o que observa um perspicaz historiador, quando afirma que: "os trabalhadores aprenderam pela experiência essa verdade amarga. [...] Perceberam que tinham de conquistar o direito de opinar na escolha dos legisladores. Onde a lei fosse feita pelos trabalhadores seria feita para eles. A lei criava obstáculos – era uma lei feita pelos patrões" (HUBERMAN, 1986, p. 173), com o tempo, ele saberia disso.

À medida que os Estados Unidos se expandiam, o problema da mão de obra tornava-se cada vez mais proeminente. A especulação comercial favoreceu e agravou os abusos às classes desfavorecidas e populações rurais, inclusive, quando não era possível subjugar a mão de obra indígena e negra, o trabalho das camadas brancas mais pobres passava a ser um produto muito rendoso. Dito de outra forma:

> O estoque indígena também era limitado, ao passo que o africano era inesgotável. Portanto, os negros foram roubados na África para trabalhar nas terras roubadas aos índios na América. [...] Esses trabalhadores brancos eram de vários tipos. Alguns eram engajados (indentured servant), assim chamados porque, antes de sair da terra de origem, assinavam um termo de engajamento reconhecido por lei, pelo, pelo qual se obrigavam a prestar serviços por tempo determinado para custear o preço da passagem. (WILLIAN, 2012, p. 37).

Essa dívida contraída nas origens da viagem ficava aumentada após a chegada, e a moradia, a comida, a roupa e os bens de limpeza eram logo incluídos na dívida, logo a situação podia estender-se por anos a fio se uma pessoa quebrasse ou se negasse a pagar, e os tribunais logo defendiam a outra parte. Essas práticas foram utilizadas em todos os lugares em que as classes detentoras do poder faziam valer seus privilégios que, contraditoriamente, a sociedade lhes tinha outorgado.

Imbuídos em uma realidade inventada os que chegavam à "nova terra" logo viam suas condições de existência baixar ao mínimo, engajados em turnos de trabalho extenuantes não conseguiam reagir à situação, consideravam-na como uma punição irreversível, assim como os escravos, os direitos e as obrigações ficavam ao controle da indústria e do comércio. Ao fazer um paralelo entre a colonização da América e o Brasil, a partir do século XVI o colonialismo que avançou sobre o continente trazia máximas semelhantes, tudo é possível quando há lucros e, mais ainda, quando esses são conseguidos de forma exponencial na produção do trabalho alheio. Conforme Sweezy (1978), "Uma vez que os homens de negócio sempre tiveram necessidade de mais lucros, temos aqui uma achega para explicação da crescente necessidade das classes governantes de novas formas de receita" (SWEEZY, 1978, p. 35).

Esse é, sem dúvida, um ponto decisivo, por meio do trabalho compulsório será possível a acumulação que permitirá à nova nação alcançar um patamar de crescimento e desenvolvimento significativo. A produção de conhecimento aliada à produção das atividades de trabalho, desde seu início, desempenhou um papel fundamental e decisivo no desenvolvimento do país, isso explica a necessidade de incorporar um método eficiente na cultura, assim, o modelo de universidade humboldtiana[33] será incorporado na sua total dimensão. A imediata inserção da educação à produção esteve no início das preocupações dos dirigentes e administradores da nova cultura social norte-americana. A transformação da sociedade, agora independente, passava por um projeto de Nação, do qual a expansão do ensino era uma peça fundamental. Em 1870, havia 4.325 escolas somente para a população liberta da escravidão, entre as quais uma universidade, a de Haward. Foram também distribuídas terras aos libertos e foi incentivado seu alistamento eleitoral, ainda que essas medidas ficaram relegadas somente ao plano das ideias.

Nessas condições, as populações libertas do trabalho escravo não alteraram suas condições de existência, pois não existia apoio governamental para conseguir alterar essa primeira fase de liberdade, também o acesso ao ensino ficava restrito, porque produzir os meios econômicos de sobrevivência era uma prioridade, assim:

> Alguns pregadores abolicionistas enfatizavam o mal moral da escravidão, o dever religioso dos bons de resistir contra essa situação, destacando os direitos das pessoas e a ideia

[33] O modelo neo-humboldtiano predomina critérios de: "presença de estruturas de produção científica e de pós-graduação stricto sensu consolidada e reconhecida; presença majoritária de docentes em regime de tempo integral e com qualificação pós graduada que habilite para a pesquisa; integração das unidades em torno de projetos comuns de ensino e pesquisa; associação de ensino e pesquisa (e extensão) em diferentes níveis; estrutura administrativa-acadêmica voltada para a formação de profissionais e para a formação de pesquisadores na maioria das áreas de conhecimento" (SGUISSARDI, 2004, p. 41-42).

> de liberdade e igualdade dentro de uma sociedade que se dizia fundada sob esses mesmos valores. A maior parte dos abolicionistas, na época, era formada por pessoas religiosas. A ideia de ser salvo e de obter o perdão fazia com que muitas pessoas se preocupassem em realizar as boas obras (KARNAL, 2008, p. 123-124).

Nessas condições, contudo, as classes trabalhadoras das diversas etnias continuaram a transformação necessária da sociedade, e diante dos desafios colocados pela prática política de uma sociedade de classe identificaram que o direito à educação se constituía em um projeto de caráter coletivo, possibilitando para isso a unidade. O futuro haveria de dar razão a esses propósitos.

Dessa forma, o modelo de ensino superior foi autorizado para expandir-se por todo o solo americano. O empenho em desenvolver um ensino que conseguisse resolver de forma satisfatória a questão do incremento produtivo, nessa etapa, era uma prioridade, também, esse novo modelo de educação procurava acabar com a herança colonial [34]britânica. As universidades inglesas tinham características que já não correspondiam aos novos ventos da democracia americana, assim, era necessária uma nova abordagem dos sistemas de ensino. O sistema de ensino superior deve assumir novas dimensões sociais, uma vez que, historicamente:

> Na Inglaterra o ensino continua sendo elitista, não obstante a atual abertura democrática, nos Estados Unidos adota-se o seguinte tema: A melhor educação para os melhores é a melhor educação para todos. O objetivo último do processo educacional é ajudar os seres humanos a se tornarem pessoas educadas. O ensino é o estágio preparatório, cria o hábito de aprender e proporciona os meios para continuar a aprendizagem ao se concluir todas as etapas da escolaridade. O próprio ensino superior é um ensino ulterior, porque há sempre novos estágios de aprendizagem. (PROTA, 1987, p. 103).

Essas novas dimensões que assume o ensino, mencionadas pelo autor, estão relacionadas ao desenvolvimento liberal em que as classes burguesas começam a se organizar de uma forma melhor. Uma preparação especia-

[34] "A economia colonial, prolongamento da economia capitalista, teve sua produção organizada em função das necessidades das metrópoles. E elas impuseram às colônias a monocultura. Assim, os países colonizados passaram a depender dos dominadores para vender seus produtos de exportação pelo preço imposto no mercado internacional. Um mercado dominado pelos países industrializados que introduziram diversas formas de exploração nas colônias, reforçadas pelo racismo" (CANÊDO, 1986, p. 69).

lizada nas diversas áreas da administração e da jurisprudência é vital para legitimar e facilitar esse período de expansão. Por outro lado, é necessário compreender suas manifestações reais e objetivas, ou seja, esse período é marcado pela transição de poderes, principalmente pelo próprio processo da Independência, e é necessário agora lutar por posições e interesses nacionais, fortalecer as instituições de forma a garantir a legitimidade da nova fase de poder nacional, ainda que seja necessário construir novas formas de dominação, que marca a transição de uma situação para outra. Todos seriamente empenhados em fortalecer as bases da nova sociedade em construção.

A reconstrução do ensino, principalmente superior, será alvo de constante preocupação que, por sua vez, permitirá consolidar e difundir uma cultura mais democrática e outra republicana, organizado por vários segmentos sociais e por ideologias distintas, serão configurados na formação de dois partidos que disputam o poder até hoje. Embora não existam muitas diferenças, eles condensaram as contradições de uma sociedade cada vez mais dividida por interesses conflitantes. Assim se refere um estudioso sobre o assunto em questão:

> Na segunda corrente, a tradição de valorizar o individualismo competitivo, acreditavam os intelectuais que os assuntos humanos eram governados por leis naturais imutáveis: o bem geral era bem servido com a busca da satisfação dos interesses individuais. O eventual sofrimento social causado seria infinitamente inferior às recompensas trazidas àqueles laboriosos espíritos independentes que, por meio do trabalho, atingiam a plenitude econômica. A pobreza era quase sempre vista como castigo. (KARNAL *et al.*, 2013, p. 157).

Mas nem todos os norte-americanos estavam de acordo com essas explicações discriminatórias, o próprio senso comum via que esse contraste entre a posse da abundância e a extrema carência surgiam dos conflitos internos da própria relação.

Mistificação jornalista francesa — consequências econômicas da guerra

"A crença em milagres parece se mudar de uma esfera para outra. Se é impulso da natureza, aparece na política. Ao menos essa é a visão dos jornais. [...] A Inglaterra sofreu mais com a impossibilidade de comprar os grãos americanos do que os Estados Unidos com a impossibilidade de vendê-los. Os Estados Unidos teriam vantagem de possuir *informações privilegiadas*. Se decidirem pela guerra, imediatamente voariam telegramas de Washington para São Francisco e os navios americanos começariam as operações de guerra nas águas do Pacífico e da China muitas semanas antes de a Inglaterra conseguir levar a mensagem do conflito à Índia. Desde o estouro da Guerra Civil, o comércio dos Estados Unidos com a China, e também com a Austrália, diminuiu em gigantesca proporção. No entanto, na medida em que ainda é pujante, a carga é paga em geral com letras de crédito inglesas, ou seja, com o capital inglês. Em contrapartida, o comércio inglês com a Índia, a China e a Austrália, sempre muito significativo, cresce constantemente desde a interrupção do comércio com os Estados Unidos. Os navios piratas americanos teriam, portanto, mais espaço, enquanto os piratas ingleses teriam um campo relativamente insignificante. O investimento na indústria algodoeira inglesa. O investimento americano na Inglaterra é praticamente nulo. A Marinha inglesa eclipsou a Marinha Americana, mas não tanto quanto na guerra de 1812-1814. Se já naquela época os piratas americanos pareciam muito superiores aos ingleses, como estão agora? Um bloqueio efetivo dos portos norte-americanos, sobretudo no inverno, está completamente fora de questão. Nas águas interiores entre Canada e os Estados Unidos — e a superioridade aqui é crucial para a guerra terrestre no Canada —. Os Estados Unidos teriam soberania absoluta desde o início do conflito" (MARX, K.; ENGELS, F. **A guerra civil dos Estados Unidos**. 1. ed. São Paulo: Boitempo, 2022.

Essas notas enunciam o conflito entre norte-americanos e império britânico nos acontecimentos que geraram, bem mais tarde, essa Guerra Civil Americana.

Por outro lado, a educação escolar é exatamente essa difusão da ideologia das classes tradicionais, difundirem uma concepção de sociedade referendada na meritocracia, assim, desenvolverem no senso comum uma perspectiva de fatalidade, exclusivamente subjetiva e não social.

A educação terá um papel primordial na sociedade, é por meio dela que se pode atingir um status social mais elevado na hierarquia social, essa crença faz dos movimentos sociais e das camadas mais excluídas seu fortalecimento, pois concentraram grandes mudanças na educação pública, definindo principalmente maiores recursos dos governos na área educativa, embora ficasse sempre distante do ideal social.

Para a época, o ingresso à universidade[35] era feito mediante a apresentação do Certificado de Maturidade e dos comprobatórios documentos que atestavam o término do ginásio superior (não técnico). O aluno deveria se submeter, ao término do primeiro ano, a exames preliminares que tinham como objetivo evidenciar aptidões para a pesquisa científica. Os alunos tinham plena liberdade para escolher disciplinas que complementassem sua formação, porém, ele tinha que cumprir as disciplinas que eram obrigatórias para poder terminar o curso empreendido. Também, o aluno podia escolher a data que poderia realizar os exames, geralmente essa acontecia quando o aluno se achava preparado.

[35] Com a criação da União Europeia em 1958, os países fundadores, Alemanha, Bélgica, França, Itália, Luxemburgo e os países baixos, criaram acordos comuns, entre eles, a educação superior. O Tratado de Maastricht institui a União Europeia com nome atual em 1993. As universidades acolhem estudantes independentes da sua nacionalidade.

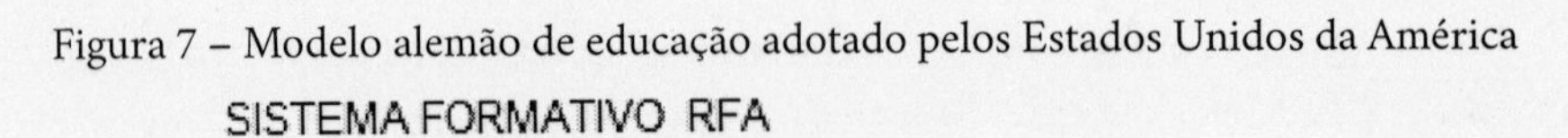
Figura 7 – Modelo alemão de educação adotado pelos Estados Unidos da América

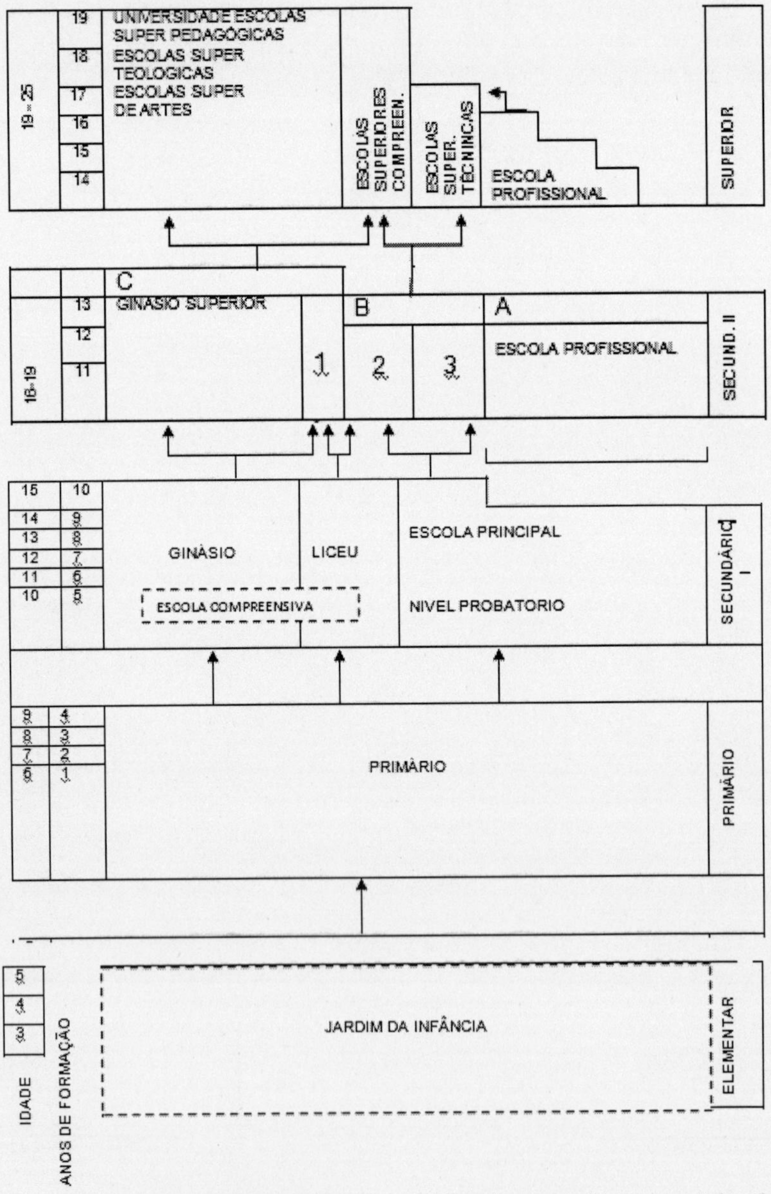

Legenda: 1. Escola profissional especializada. 2. e 3. Escolas secundárias especializadas. A) Conclusão do ensino básico. B) Aptidão para Escola Superior Especializada. C) Aptidão universitária, 333.

Fonte: Prota (1987, p. 76)

É interessante observar que essas universidades atraíam alunos de todas as localidades do território norte-americano, também, de outras nacionalidades, principalmente dos países europeus, e havia uma legislação nacional que era clara em relação ao exercício da profissão. Existiam exames que eram aplicados por representantes do Estado, que habilitavam aos profissionais ingressar no serviço civil e em algumas profissões regulamentadas pelo governo, como juízes, advogados, arquitetos, professores de secundário superior, físico, farmacêutico etc. Os anos escolares dependiam dos cursos que os alunos fizessem, por exemplo, o curso de medicina era muito mais longo que o de física, química ou biologia.

Na Nova Inglaterra a educação formal adquiriu um caráter especial, foi dominada pelos protestantes (os puritanos, particularmente os calvinistas) e pelos grupos da maçonaria[36] que viam nela um fator de desenvolvimento e superação social. Essa perspectiva levou a medidas bastante originais no contexto das colonizações da América. Era a própria comunidade organizada que financiava economicamente as escolas, inclusive as instituições de ensino superior representavam uma prioridade na colônia, já que se destinava à formação das elites dirigentes locais. "Com essa preocupação, não é difícil imaginar o surgimento de várias instituições de ensino superior nas 13 colônias. Até 1764, estabeleceram-se nas colônias sete instituições de ensino superior (KARNAL, *et al.*, 2013, p. 49).

Efetivamente, o ensino era uma preocupação básica nas colônias Americanas, essa é uma especificidade das colônias inglesas na América do Norte. Não é, certamente, nessa explicação que encontraremos as respostas para seu desenvolvimento acelerado e progressivo, mas a educação foi um elemento de extrema importância para o seu desenvolvimento. Muitas circunstâncias históricas foram decisivas para promover a emancipação americana, inclusive tiveram como elemento propulsor a própria Inglaterra. Afinal, não era somente preciso expulsar as forças colonizadoras, mas era também uma prioridade reformular o conhecimento, romper e livrar-se do modelo colonizador[37], assim "os dirigentes de universidades norte-ameri-

[36] Durante o século XVII, os maçons (pedreiros) davam um caráter político ao seu ajuntamento em clubes (ou lojas) organizando-se sob certos princípios, dos quais a adoção ao liberalismo antiabsolutista passou a ser a principal bandeira. Os focos principais de propagação de suas ideias foram as universidades.

[37] "Lembremos ao leitor que Wilheim Von Humbolt, nomeado em 1809 para exercer a direção do Departamento dos Cultos e da Instrução Pública do Ministério do Interior do Estado Prussiano, havia fundado em 1810 a universidade de Berlin, uma modesta IES que era o centro de criação e de difusão da cultura e da pesquisa científica associada ao ensino superior. Surgiram a partir dessa moderna instituição os cursos de pós-graduação. A universidade de Berlin foi concebida para ser o laboratório da nova nação e se tornar o núcleo da luta pela hegemonia" (SILVA, 2008, p. 17).

canas [...] foram a Berlin, no século XIX, obter informações *in loco* sobre a moderna Universidade de Berlin" (SILVA, 2008, p. 17, grifos do autor). Portanto, é um período que tenta identificar novas formas de saber social, capaz de alterar tudo o que estivesse relacionado e reforça-se a subjugação à sociedade nascente.

Desse modo,

> Surgia um novo país que, apesar de graves limitações aos olhos atuais (permanecia a escravidão, falta de votos de pobres e de mulheres), causava admiração por ser uma das mais avançadas democracias do planeta naquela ocasião (KARNAL, 2013, p. 96).

A partir das condições históricas, os norte-americanos ficaram fiéis aos ideais que tinham impulsionado, nesse momento, a emancipação com a Metrópole inglesa. Os sistemas educacionais assentam a necessidade de desenvolver nos indivíduos suas potencialidades, sobre essas se devem apoiar as ações que viessem solucionar os problemas sociais. Assim, a educação adquire uma conotação social, fixando os princípios científicos sobre os quais se pode fundamentar. A aplicação desses pressupostos é essencial, pois visa a uma transformação radical da educação pública em todos seus graus de ensino, principalmente o ensino superior, esse deve estar associado a ações das necessidades nacionais e da esfera produtiva.

Segundo a literatura que estuda a ascensão e o desenvolvimento dos Estados Unidos Colônia (KARNAL *et al.*, 2013; MELHEM, 1982; MOUSNIER, s/d; PROTA, 1987; WOOD, 2013; MICELI, 2013; PILETTI, 2012; RUBIÃO, 2013; MARX; ENGELS, 2022), entre outros. Os séculos XVII e XVIII foram de grande expansão educacional nas colônias, isso pode ser demonstrado pela fundação de várias universidades nas diversas regiões do país, principalmente as do norte, por exemplo, é fundada a universidade de Willian and. Mary, em 1693, na Virginia; Yale (1701), em Connecticut; Princeton (1746), em Nova Jersey; Universidade da Pensilvânia (1754), em Pensilvânia; Columbia (1754), em Nova York; Brown University (1764), em Rhode Island.; Universidade de Illinois, fundada em 1893; Universidade de Indiana, foi fundada em 1820, a universidade de Califórnia em Berkeley, remonta ao século XVII, entre outras. Pelo seu impulso e pelo interesse universal que despertaram a educação, o movimento das universidades, que atinge o auge durante o século XIX, principalmente o ensino privado, é de tal ordem que o governo federal terá que entrar em cena para a sua regulamentação.

A preocupação pela educação estava em todos os documentos oficiais e obrigava as regiões que tivessem um número significativo de habitantes a fundar escolas para elevar a consciência a um patamar de alfabetizado; a própria comunidade deveria levantar os recursos econômicos para as despesas com a educação, em todas as regiões essa prática era quase uma lei. Eis o que se pode observar na colocação de Karnal *et al.*, 2013:

> Se decreta para tanto que toda municipalidade nesta jurisdição, depois que o Senhor tenha aumentado sua cifra para cinquenta famílias, dali em diante designará a um dentre seu povo para que ensine a todas as crianças que recorram a ele para ler e escrever, cujo salário será pago pelos pais, seja pelos amos dos meninos seja pelos habitantes em geral. (KARNAL *et al.*, 2013, p. 48).

Essa preocupação pela educação tornou as 13 colônias emancipadas em uma das regiões mais prósperas da época, o índice de alfabetismo alcançou cifras expressivas, embora houvesse áreas em que o alfabetizado era inexistente, principalmente na parte sul, onde poucos negros e emigrantes eram incluídos do processo educacional, é uma verdade que havia mais alfabetizados filhos de homes brancos e com posição política privilegiada que mulheres, negros, indígenas e trabalhadores urbanos e rurais. O

> [...] século da revolução americana é chamado comumente de "Grande Despertar", por isso: No início do século XVIII, Filadélfia, capital da Pensilvânia, era uma das maiores cidades das colônias inglesas e também uma das mais alfabetizadas (KARNAL *et al.*, 2013, p. 54).

A preocupação maior das classes dominantes estaria voltada para criar hábitos de laboriosidade e de obediência; dessa forma, neutralizar os efeitos que surgem dessa relação conflituosa. Qualquer proposta de transformação social é considerada como um ato delitivo, assim, toda a estrutura objetiva conservar e manter as especificidades dessa relação e reproduzir a força de trabalho a baixo custo. A lógica da expansão é uma prioridade para a época: "Entre as décadas de 1860 e 1880, cerca de metade da atual área dos Estados Unidos já estava ocupada e explorada por norte-americanos" (KARNAL *et al.*, 2013, p. 161). Ao mesmo tempo que surgem novos tipos de demanda, os governos e seus representantes argumentam que esses desvios de recursos de outros setores levariam a uma diminuição dos avanços educacionais e tecnológicos, assim é por meio, embora não seja o único, da educação que os cidadãos podem e devem alcançar seu sucesso profissional e laboral.

A democracia interna da ex-colônia pôs fim ao isolamento dos territórios, porém a democratização da governabilidade não será resolvida, pois o poder social continuará dentro de um pequeno grupo que determinará o limite da participação coletiva. Para compreender a vinculação orgânica das classes dominantes com os setores produtivos, basta ver que a escravidão entrará por séculos mesmo após a emancipação, como não poderia deixar de ser, os conflitos e as contradições somente mudaram de lugar. A independência trouxe algo de novo, a democratização para setores ínfimos da sociedade e procurava não deixar frestas para aqueles que procuravam escapar a seu controle. Essas determinações definem os limites das transformações sociais de que a classe dominante apresentou às classes trabalhadoras em geral. Todavia, o interesse por novos mercados levou as classes capitalistas a implementar novos métodos de exploração.

Nesse contexto, em pouco mais de 50 anos a Nova Inglaterra triplicou em extensão territorial, inclusive adquiriram a particularidade de ter acesso aos oceanos Pacífico e Atlântico. O desenvolvimento norte-americano deve-se à expansão para o Oeste; à imigração europeia e ao crescimento da população acelerado; à Guerra da Secessão[38]; à industrialização crescente e a expansão territorial, uma etapa fundamental desse processo pode ser vista quando:

> A história da guerra entre México e os Estados Unidos está relacionada com a ocupação do Texas, que era território espanhol desde o período colonial. Depois que os Estados Unidos compraram a Louisiana da França, em 1803, a Coroa espanhola decidiu autorizar o estabelecimento na região de grupos originários do Canadá francês, da Irlanda católica, e mesmo protestantes anglo-americanos, prussianos ou holandeses, [...] Foi nesse contexto que, o norte-americano Moses Austin (1761-1811), que fora súdito da Coroa espanhola até que o Missouri se incorporasse aos Estados Unidos, solicitou ao monarca autorização para colonizar o Texas com 300 famílias.

[38] A Guerra de Sesseção ou também chamada de Guerra Civil Americana (1861 a 1865), foi na verdade, uma guerra civil entre os estados do norte e estados do sul dos Estados Unidos. O poderio obtido pela burguesia industrial em ascensão se transformou em representatividade política e disputa por interesses; a região sul do país sustentava um sistema produtivo fundamentado em grandes propriedades e, sobretudo, na utilização de mão de obra escrava. Dos 24 estados que configuravam o novo país, 15 adotavam a escravidão como força produtiva legal. Portanto, os interesses da burguesia industrial do Norte entraram em choque com os interesses da aristocracia fundiária do sul do país, pois representava um entrave à nova etapa que caracterizava o capitalismo no final do século XIX.

> [...] Ao todo, perdeu a metade do seu território, uma área de 2.400.000 quilômetros quadrados. Muitos expansionistas alinhados com o presidente democrata James K. Polk, eleito em 1844 com a promessa de anexar Texas, manifestaram sua censura a Nicholas P. Trist, representante diplomático dos Estados Unidos nas conferencias de paz encerradas. (PRADO, 2014, p. 59-61).

Todavia, certos territórios que pertenciam à Inglaterra foram negociados com os norte-americanos, como é o caso de Oregon, esse tinha sido colonizado por americanos e ingleses. Assim, a expansão territorial dará um impulso sem precedentes aos norte-americanos.

A sociedade norte-americana estruturava um sistema de ensino que atendia às necessidades da crescente expansão industrial e urbana, organizado em comunidades tendentes à autossuficiência econômica, e imprimia às universidades ambientes propícios ao desenvolvimento científico. Assim, "a criação da universidade John Hopkins, que se distanciava do pragmatismo para dedicar-se inteiramente à investigação científica e à criatividade cultural, assim como ao ensino superior do mais alto nível" (RIBEIRO, 1975, p. 72). Efetivamente, sob a influência de uma visão humanista, as universidades permitem formar um quadro científico significativo, os cientistas terão o papel de tornar modelo esse tipo de organização educacional em todo o país que vigora até hoje.

Com a instalação das universidades na colônia britânica, estas contribuíram decisivamente com a emancipação enquanto colônia, desde a sua fundação, elas estavam ligadas ao processo produtivo e, sobretudo, procurou-se elevar o nível cultural da sociedade americana. As revoluções nos meios de transporte, agricultura e indústria, tudo isso estava correlacionado. Agiam como uma força irreversível, isso era o que abriria um espaço novo ao sistema educativo na denominada Nova Inglaterra.

Portanto, o desenvolvimento de um dinâmico comércio que, em muitas circunstâncias, saía das fronteiras das próprias colônias, a manufatura e a indústria possibilitaram uma elite econômica no norte da colônia e que durante o processo da colonização conseguiram impor seus interesses ao conjunto da sociedade. Isso explica por que a educação era um campo no qual os governos mais investiram, assim como a iniciativa privada. A própria produção e a produtividade aumentaram significativamente graças a certos aperfeiçoamentos técnicos e sociais conjugados. Ao contrário de outros processos coloniais, o povo americano instruía e formava as elites dirigentes dentro do próprio território nacional, inclusive o fato de legalizar e executar o modelo alemão de ensino superior foi uma forma de apagar e desconstruir a imagem do colonizador britânico na Nova Inglaterra. Ao concluir o exposto, mostramos que esses acontecimentos históricos deixam escapar as múltiplas contradições que possui a sociabilidade social, essas não podem ser explicadas por meio do estudo das ideias, das mentalidades de que os indivíduos têm de uma determinada época, mas devemos conduzir nosso raciocínio e atenção para a vida real ou melhor, para a forma como os indivíduos organizam sua economia, a sua forma de existência social. Se repararmos com atenção, nosso tempo se caracteriza por um momento de transição, profundas mudanças estão sendo dia a dia colocadas pelo nosso cotidiano. Como a transformação surgiu do estado de coisas de que a antecedeu? Eis nosso seguinte assunto a expor.

CAPITULO III

O DESENVOLVIMENTO DAS FORÇAS PRODUTIVAS: A ECONOMIA SOCIALISTA DO SÉCULO XXI

Quando penso nos limites que circunscrevem as ativas e investigativas faculdades humanas; quando vejo que esgotamos todas as nossas forças em satisfazer nossas necessidades, que apenas tendem a prologar uma existência miserável.

(Goete — Os sofrimentos de Werther)

Por certo, o sistema capitalista não inventou a opressão e a exploração, antes dele, as sociedades procuraram novas formas de organizar-se, embora fossem reprimidas com ilimitada brutalidade por parte das classes dominantes das épocas pretéritas, as mudanças aconteceram inexoravelmente; assim, a própria história entrega exemplos de superação e de profundos avanços nas manifestações da sociabilidade humana. O último cenário em corrigir os males sociais, que resultam da relação trabalho-capital, está sendo assegurado por reformas que agravam ainda mais o problema, em outras palavras:

> O desenvolvimento do Estado de bem-Estar foi a última manifestação dessa lógica, que só se tornou viável em um número restrito de países. Ele foi limitado pelas *condições favoráveis* de expansão capitalista nos países desenvolvidos, precondição para o surgimento do Estado de Bem-Estar, como pela escala de tempo, marcada ao final pela pressão da 'direita radical' em torno da completa liquidação desse Estado, nas três últimas décadas, em razão da crise estrutural generalizada do sistema capitalista. (MÉSZÁROS, 2007, p. 123, grifo do autor).

Portanto, nos tempos atuais, estamos em uma verdadeira encruzilhada, a sociedade não deixa o novo nascer, considerá-lo como uma impossibilidade, uma contradição que não procede. Contudo, uma coisa é clara, à revelia de tudo há um processo coletivo inevitável, de proporções que transcendem as regiões locais e nacionais, e aparece cada vez mais evidente a necessidade de os povos aderirem a ele, enquanto a alternativa genuína e de alcance amplo e prático vai alterando os processos históricos injustos. Essa nova realidade que está emergindo como uma potência intocada é a experiência socialista. Referimo-nos à República Popular da China[39]. Historicamente sabemos que a sociedade atual surge do declínio do sistema feudal, com sua desagregação liberou forças que não correspondiam ao modo de organizar a vida social de outrora. Nesse processo histórico, até a localização da terra mudou de lugar (heliocentrismo), o conhecimento científico se sobrepôs ao saber teológico, as forças de produção se desenvolveram sempre a passos surpreendentes, ao consolidar-se esse novo modo de produção em forma econômica, política, cultural etc. Já no meado do século XIX, também, fechou-se seu ciclo revolucionário, entrou em uma vertiginosa decadência que perdura até os dias de hoje. Entretanto, como em tempo pretéritos, liberou forças que permitem a sua superação, a antítese do sistema capitalista é uma sociedade organizada para o bem de todos, o socialismo. Não podemos pensar que um modo de produção passa para outra de forma espontânea, o mesmo de uma forma linear. No entanto, o destino das sociedades é uma condição humana compatível com o estágio de desenvolvimento dessas sociedades. Um estudioso desse contexto assim se refere a este processo social:

> Como sabemos, na fase ascendente de seu desenvolvimento, o sistema do capital era imensamente dinâmico e, em muitos aspectos, também positivo. Somente com o passar do tempo — que trouxe objetivamente consigo a intensificação dos antagonismos estruturais do sistema do capital — este se tornou uma força regressiva perigosa. (MÉSZÁROS, 2007, p. 25).

Efetivamente, em nossa época, tornou-se cada dia mais evidente o grau em que a sociedade encontra limitações e sérias dificuldades de reproduzir a vida humana, seja na esfera econômica, política, cultural etc., o ser humano, de modo geral, não encontra espaços sociais que permitam uma sociabilidade para o desenvolvimento de suas potencialidades e emancipação humana. Tanto a sociedade de forma geral quanto as instituições funcionam em atendimento ao mercado e não às necessidades das pessoas. O próprio conhecimento objetivo sobre a realidade foi substituído pelo engano, certamente, essas formas não são equívocas, fazem parte do período no qual se encontra o capital. E:

---

[39] Logo, de um longo período baixo, uma espécie de sistema feudal, nesse ínterim, o país de dividiu em inúmeros estados e províncias, no ano de 221 a.C., época em que se inicia a construção da Grande Muralha, o príncipe Chin conseguiu unificar esse país em um império. Posteriormente, fundou a dinastia dos Chin, o que deu o nome ao país. Esses eventos históricos dão início a um império que durara mais de 2 mil anos e em que governaram mais de 120 imperadores. Em 1912, proclama-se a República Imperial da China e, em 1949, com a Revolução Cultural, passa-se a denominar-se República Popular da China.

> Para afirmar essa visão de mundo, todos os instrumentos de formação ideológica trabalham incessantemente, dia a dia. Os jornais, a televisão, os políticos de direita e de esquerda, os intelectuais e, por fim, a Igreja, todos os aparelhos de desenvolvimento dessa função doutrinária (VASAPOLLO, 2004, p. 20).

Da mesma forma, começa a haver uma contestação que alimenta outra realidade, um outro mundo possível, um outro tipo de sociabilidade, outro tempo etc.

CAPITALISMO E CRISE

"O capitalismo se expande porque desencadeia forças econômicas que compelem todos os capitalistas e, até certo ponto, os trabalhadores, a se comportarem de maneira funcional à acumulação do capital como um todo. Apesar desse grau de coerência interna, o capitalismo também é profunda e irremediavelmente falho, tanto porque tolhe sistematicamente o potencial humano, quanto porque a subordinação das necessidades humanas à motivação do lucro provoca crises e contradições que limitam a reprodução do próprio capital. [...] Marx argumenta que as crises sempre podem surgir por causa da contradição entre a produção de valores de uso voltada para o lucro e o consumo privado desses valores de uso. É apenas no capitalismo, onde predomina a produção para o lucro ao invés do uso, que a sobre produção de uma mercadoria pode se revelar um empecilho. Em outras sociedades, isso seria motivo de celebração, pois, implicaria um aumento do consumo. Mas, para o capital, o consumo não é suficiente; a acumulação continua requer *a realização do lucro* — o que, por sua vez, depende das vendas. Se elas se tornarem impossíveis, a produção pode ser interrompida, e o capital como um todo pode ser forçado a operar em uma escala menor, com sérias implicações para os empregos e o bem-estar social. Por exemplo, um grupo de capitalistas que produz uma mercadoria particular pode ser submetido a alguma perturbação gerada na esfera econômica ou em qualquer outro lugar. Contudo, a reprodução expandida de seus próprios capitais está imediatamente integrada a outros circuitos do capital; seus insumos são as vendas de outros capitalistas e vice-versa. A economia pode ser vista como um sistema de circuitos articulados em expansão, como engrenagens interconectadas. Se algumas rodas desaceleram ou se imobilizam, outras rodas no sistema também, irão a parar. Por exemplo, para que a indústria de vestuários possa se expandir, é necessário um aumento correspondente da produção de têxteis, o que exige uma maior produção de linho e algodão, mais maquinaria, mais trabalhadores, e mais recursos, todos em proporções determinadas. É esse entrelaçamento necessário, competitivo e não planejado de capitais que leva a Marx a falar da anarquia da produção capitalista." (FINE, B.; SAAD FILHO, A. **O capital de Marx**. Tradução de Bruno Hofig; Guilherme Leite *et al.* São Paulo: Editora: Contracorrente, 2021).

Certamente, os autores identificam com bastante viés pedagógico as contradições que são inerentes às relações de trabalho moderno, e apontam e expõem a necessária superação dessa relação. Não se deve pensar, entretanto, que esse processo será espontâneo ou fácil, pelo contrário, é um trabalho coletivo e histórico que envolve todas as sociedades. O ponto de vista apresentado aqui é que ele (capitalismo) não tem escolha, além do mais, coloca a própria reprodução humana em campo temerário.

Os cientistas sociais (ARAÚJO, 2011; BASBAUM, s/d; BEZERRA, 1984; ESCOBAR, 2022; ENGELS, 2020; LESSA, 1996; MÉSZÁROS, 2011; PILETTI, 2012; SAVIANI, 2010), entre outros, nas suas diversas áreas de atuação, sociologia, história, filosofia, psicologia etc., possuem, como qualquer ser humano, uma visão social de mundo, uma percepção da realidade compromissada com uma determinada ideologia; por essa razão, o conhecimento não pode ser neutro como quer ensinar a sociologia positivista ou funcionalista, pois quando se produz saber, o pesquisador(a) se vê envolto(a) nesse problema gnosiológico[40], por isso que, em todos os momentos históricos, temos diferentes interpretações sobre a realidade humana, isto é, uma versatilidade de teorias que não partilham de uma única visão de mundo. Assim, é necessário salientar que o sentido científico da produção de conhecimento é, e com muita frequência, revelado na sua superficialidade ou deturpado. Por trás do cenário social existe toda uma realidade socioeconômica, toda uma luta de interesses, um constante conflito entre as classes distintas, como diriam alguns pesquisadores: "O *negacionismo*[41] *científico* acontece quando a crítica ao consenso tem bases frágeis ou inexistentes, é contumaz — ou seja, os autores insistem nela, mesmo depois que seus argumentos são devidamente corrigidos ou refutados — e torna-se grave quando se converte em espetáculo" (PASTERNAK, 2021, p. 9, grifos dos autores). Nos problemas complexos da produção do saber, nas questões de evolução de todas as esferas da vida social e da sua gestão científica nos encontraremos com esses problemas; assim, o que devemos considerar, portanto, como o problema fundamental da produção do conhecimento científico?

O estudo e a compreensão do mundo também dependem do método de cognição utilizado por este ou aquele(a) pesquisador(a). Cumpre assinalar que as concepções dos homens não podem ser reduzidas a concepções de

[40] "É um campo da filosofia que estuda o conhecimento humano. Etimologicamente forma parte do termo grego "gnosis", que significa conhecimento e "logos", que significa "teoria", "orientação". Portanto, pode ser entendida como teoria geral do conhecimento, na qual se reflete sobre a concordância do pensamento entre sujeito e objeto" (ESCOBAR, 2022, p. 12).

[41] "A burguesia só se tornou objetivamente maldosa e perigosa na última etapa, no período do debacle, quando quis prorrogar um jogo já perdido com todos os meios da violência, da artimanha e da insinuação" (BENJAMIN, 2013, p. 77).

especialistas nas diversas áreas da ciência, mas abrangem um amplo espectro social, das convicções, noções e conhecimentos que os indivíduos constroem sobre o mundo e sobre si próprios.

Todo os fenômenos sociais e da natureza ocupam um significado importante para o campo da educação e da produção do conhecimento na ciência. Portanto, o trabalho de produzir saber está relacionado em dar respostas às questões mais gerais do ser humano e da sua relação com o mundo que o rodeia. Afinal, a formação e o desenvolvimento dos indivíduos dependem em geral da vida social e são determinados por ela; o desenvolvimento da ciência, da cultura, da economia, da educação, entre outras. Se levarmos essas observações a sério, vemos que o método fundamenta o sentido científico da compreensão das coisas do mundo real, ou seja, com um bom método podemos avançar bastante na explicação e apreensão do mundo sensível, porém, com um método inadequado dificilmente poderemos desvendar os aspectos da realidade humana e social.

O significado da palavra método deriva do grego e significa: "caminho que conduz algures", "caminho a seguir", ou seja, o método científico é um trabalho sistemático, criterioso, na busca de respostas às questões abordadas, representa o caminho que se deve seguir para velar à formulação de uma teoria científica. É um trabalho cuidadoso, que procura comprovar a veracidade do mundo real e não especulativo sobre a mesma. Portanto, explica a pesquisadora Gatti, com muita precisão, quando afirma que os:

> Conhecimentos são sempre relativamente determinados sob certas condições ou circunstâncias, dependendo do momento histórico, do contexto, das teorias, dos métodos, das técnicas que o pesquisador escolhe para trabalhar ou de que dispõe. Portanto, o conhecimento obtido pela pesquisa é um conhecimento situado, vinculado a critérios de escolha e interpretação de dados, qualquer que seja à natureza destes dados. (GATTI, 2010, p. 11-12).

Além disso, com base no conhecimento se procura a transformação da realidade, resolver os problemas que a vida cotidiana coloca para o ser humano, ao analisar o papel que o conhecimento deve ter no quadro social, deve ser na contribuição do desenvolvimento do ser social, na melhoria da qualidade de vida e, principalmente, na elevação do nível cultural e educacional em que o próprio pesquisador está envolvido.

Converteu-se um lugar comum do pensamento atual supor que uma sociedade pode transformar-se tendo como fundamentos os anseios dela, mas que, com efeito, está na natureza de uma sociedade sua modificação assentada em homens honestos ou altruístas, porém, sabemos que não é assim.

Precisamente por isso que a prática humana é o ponto de partida e a base do conhecimento humano, o que não quer dizer, no entanto, que a simples apreensão da realidade dada pelo pensamento possibilite, de forma imediata, alterações na sociedade. Ao esboçar em 1859, "à Crítica da Economia Política", Marx escreveu e concebeu a importância de um bom método de pesquisa, diz ele:

"O resultado geral a que cheguei e que, uma vez obtido, serviu-me de fio condutor aos meus estudos, pode ser formulado em poucas palavras: na produção social da própria vida, os homens contraem relações de produção estas que correspondem a uma etapa determinada de desenvolvimento das suas forças produtivas materiais. A totalidade destas relações de produção forma a estrutura econômica da sociedade, base real sobre a qual se levanta uma superestrutura jurídica e política, e à qual correspondem formas sociais determinadas de consciência. O modo de produção da vida material condiciona o processo em geral de vida social, político e espiritual. Não é a consciência dos homens que determina o seu ser, mas, ao contrário, é o seu ser social que determina sua consciência. Em uma certa etapa de seu desenvolvimento, as forças produtivas materiais da sociedade entram em contradição com as relações de produção existente ou, o que nada mais é do que a sua expressão jurídica, com as relações de propriedade dentro das quais aquelas até então se tinham movido. De formas de desenvolvimento das forças produtivas estas relações se transformam em seus grilhões. Sobrevém então uma época de revolução social. Com a transformação da base econômica, toda a enorme superestrutura se transtorna com maior ou menor rapidez. Na consideração de tais transformações é necessário distinguir sempre entre a transformação material das condições econômicas de produção, que pode ser objeto de rigorosa verificação da ciência natural e as formas jurídicas, políticas, religiosas, artísticas ou filosóficas, em resumo, as formas ideológicas pelas quais os homens tomam consciência deste conflito e o conduzem até o fim. Assim como não se julga o que um indivíduo é a partir do julgamento que ele se faz de si mesmo, da mesma maneira não se pode julgar uma época de transformação a partir de sua própria consciência; ao contrário, é preciso explicar esta consciência a partir das contradições da vida material, a partir do conflito existente entre as forças produtivas sociais e as relações de produção. Uma formação social nunca perece antes que estejam desenvolvidas todas as forças produtivas para as quais ela é suficientemente desenvolvida, e novas relações de produção mais adiantadas jamais tomarão o lugar antes que suas condições materiais tenham sido geradas no seio mesmo da velha sociedade. É por isso que a humanidade só se propõe as tarefas que pode resolver, pois, se se considera mais atentamente, se chegará à conclusão de que a própria tarefa só aparece onde as condições materiais de sua solução já existem, ou, pelo menos, são captadas no processo de seu devir. Em grandes traços podem ser caracterizados, como épocas progressivas da formação econômica da sociedade, os modos de produção: asiáticos, antigo, feudal e burguês moderno. As relações burguesas de produção constituem a última forma antagônica do processo social de produção, antagônicas não em sentido individual, mas de um antagonismo nascente das condições sociais de vida dos indivíduos; contudo, as forças produtivas que se encontram em desenvolvimento no seio da sociedade burguesa criam ao mesmo tempo as condições materiais para a solução deste antagonismo. Daí que com esta formação social se encerra a pré-história da sociedade humana." (MARX, 1991, p. 29-30).

Está exposta, nessas notas escritas, com profunda clareza e lucidez, a passagem de uma sociedade para outra, esse apontamento define com maestria a transformação das sociedades e não possui paralelo noutros escritos. Aqui vemos que o desenvolvimento das sociedades é um processo histórico inevitável, pois os homens cada vez mais vão dominando a natureza e suas propriedades a modo de servi-lo. Todavia, as classes sociais cumprem um papel fundamental nesse dinamismo social. Como foi observado, outrora a classe burguesa, saída do declínio da sociedade feudal, cumpriu um papel eminentemente revolucionário, quando ela domina o cenário político e econômico, após essa etapa de profundas transformações, essa relação de sociabilidade entra em franco declínio e profundas crises sociais; assim, tornou-se uma classe extremadamente conservadora, retrógrada; depois disso, uma nova classe desenvolveu-se no seu interior, oriunda da revolução industrial que a substituiria, representará a antítese da velha sociedade, assim, ela passa a representar o novo, um renascimento de novas relações sociais, um modo de produção organizado em uma economia planejada e não anárquica como o é na sociedade capitalista vigente. A respeito dessas observações, podemos ler o seguinte:

> Por fim, sob o modo de produção capitalista, a produção atingiu um nível tal que a sociedade não consegue mais consumir os meios de vida, fruição e desenvolvimento produzidos, porque o acesso a esses meios é barrado artificial e violentamente à grande massa dos produtores; que, portanto, a cada dez anos uma crise restabelece o equilíbrio pela aniquilação não só dos meios de vida, fruição e desenvolvimento produzido mas também de grande parte das próprias forças produtivas — que, portanto, a assim chamada luta pela existência assume a seguinte forma: proteger os produtos produzidos pela sociedade capitalista burguesa e as forças produtivas contra os efeitos destruidores e aniquiladores da própria ordem social capitalista, tirando a condução da produção social e da distribuição das mãos da classe capitalista, que se tornou incapaz de fazer isso, e passando-a para as mãos da massa produtora — isso é a revolução socialista. (ENGELS, 2020, p. 333).

Essa nova classe social que nasce nas fábricas e vende sua força de trabalho para existir serão as classes trabalhadoras, tanto a mão de obra masculina, quanto a mão de obra feminina encontram-se nessa situação de superação da velha sociedade burguesa. Por mais que a doutrina das elites seja de representantes moderadas e discretas, ela implica uma transformação radical da sociedade, não porque uma relação social seja melhor que outra, mas torna-se uma necessidade histórica para a humanização dos seres sociais, ou como afirma acertadamente Mészáros (2011), quando observa que:

> Alguém pode pensar numa *maior acusação* para um sistema de produção econômico e reprodução social pretensamente insuperável do que essa: *no auge de seu poder produtivo, está produzindo uma crise alimentar global* e o sofrimento decorrente dos incontáveis milhões de pessoas por todo o mundo? Essa é a natureza do sistema que se espera salvar agora a todo custo, incluindo a atual 'divisão' do seu custo astronômico. Como alguém pode ter algum senso tangível de todos os trilhões desperdiçados? Já que estamos falando sobre grandeza astronômicas. (MÉSZÁROS, 2011, p. 21, grifo do autor).

Cabe observar que no sistema capitalista os bens sociais são produzidos para serem comercializados e não possuem a intensão de ser consumidos pelo produtor direto, a bússola que orienta e que move o comercio é a procura constante do lucro, o objetivo principal é a produção de mercadorias não para satisfazer as necessidades humanas, mas para serem vendidas. A necessidade do domínio de um mercado constante e expansivo obriga a classe burguesa a atualizar em forma incessante as tecnologias, o aperfeiçoamento permanente da maquinaria, a ciência trabalha dia e noite para produzir inovações, assim, os mercadores podem sustentar a livre concorrência constante e absoluta (sabemos que é uma falácia na economia exclusivamente monopolista).

Portanto, a propensão fundamental para a existência e para o controle da classe dominante é a acumulação da riqueza alheia nas mãos privadas, a consolidação e a multiplicação do capital; assim, o fundamento de vida do capital é o trabalho remunerado; não existe outra fonte para a obtenção do lucro, ele é exclusivo do trabalho[42] dos seres humanos na produção.

Eis a chave da essência da sociedade moderna, somente o trabalho cria valor, isto é, os bens produzidos incorporam trabalho acumulado durante determinada jornada laboral. Por mais diversificado que se apresente o trabalho humano, ele pode ser comensurável, avaliável, pois aparece na forma

---

[42] "Qualquer ato de trabalho é uma atividade produtiva, cujo produto é um valor de uso, condição da existência do homem em sua relação com a natureza. Mas, quando o dispêndio de força de trabalho humana produz bens em excesso para além da subsistência, como na sociedade capitalista, esses bens são trocados e esse é o valor de troca. Nesse aspecto, o trabalho cria valor. [...] Por meio da troca de mercadorias, o trabalho privado que as produziu se torna social – o dinheiro, que é resultado do meu trabalho, é trocado por um livro que compro na livraria, por exemplo" (ARAÚJO, 2011, p. 49).

de salário, esse pode ser trocado por outras mercadorias que permitam a existência do trabalhador ou da trabalhadora. Assim, o trabalho representa uma relação social econômica, política, cultural, entre outras. Na verdade, a força de trabalho produz um valor superior ao preço pago pelo dono do capital; é o produto desse excedente não pago que permite a possibilidade da acumulação e a expansão do capital.

A aparência escondida diferencia o trabalho atual das outras formas históricas de trabalho, pois, dentro do sistema econômico moderno, até o trabalho não remunerado parece retribuído; por exemplo, no período da ascensão das relações capitalistas, o trabalho escravo foi amplamente utilizado como uma forma de acúmulo de capital entre a Colônia e a Metrópole, o escravo tinha que viver para poder trabalhar, e uma parte da jornada de seu trabalho foi para repor o valor do seu próprio sustento, embora não existia nenhuma relação jurídica de contrato, tem-se a impressão de que ele entrega todo seu trabalho gratuitamente. Isso se vê muito bem ilustrado na seguinte citação, afirma Bastos (1989), quando, mediante um exemplo, diz:

> De um empreendimento destinado à produção de feijão. O proprietário das terras contrata um trabalhador por um salário anual correspondente a 60 kg de feijão. Ao iniciar o processo produtivo, o proprietário dispõe de 10 kg de feijão, que serão utilizados como semente. O trabalhador prepara o terreno, semeia e cuida da lavoura até a colheita, quando são obtidos 130 kg de feijão. Descontando os 10 Kg existentes inicialmente que foram usados como sementes, vemos que o trabalho desenvolvido produziu 120 Kg. Uma vez pago o salário combinado (60 Kg, que irão constituir o excedente, a ser apropriado pelo proprietário das terras. (BASTOS, 1989, p. 14).

Temos como resultado uma transação que esconde esse excedente produzido exclusivamente pelo trabalhador ou pela trabalhadora, aparecem como relações econômicas de equivalência, trocas homologas. De acordo com essa análise, não é possível apreender o significado dessa colocação sem ver seu contrário. Eis o que formularemos a seguir.

A China aparece para nós como um país distante, por praticar um regime político-social diferente do que vigora nos países ocidentais; contudo, nela se vê uma experiência totalmente distinta de organizar as relações sociais em seu conjunto. Ao se observar o mapa da Ásia continental, é possível criar uma ideia de sua grande extensão territorial, possui 9.700.000 km² e uma população de 1, 425 bilhão (2023), tem como língua oficial o mandarim e o cantonês, representa um pouco mais de 18% da população global. É um pouco maior que o Brasil, que conta com 8. 547.403 km² no globo terrestre. Em termos históricos podemos observar que:

> A secular cultura Chinesa é outro aspecto que chama atenção. A filosofia oriental teve grandes expoentes na China, como Confúcio, Buda, Mêncio, e as invenções chinesas (pólvora, bússola, etc.) marcaram sua presença nos avanços da humanidade. [...] O respeito à tradição, ao passado e suas lições constituem, por isso, uma peça de grande peso na história chinesa. E foi um elemento utilizado com muita habilidade pelas forças que sempre procuraram subjugar essa população, apoiados em sua herança religiosa e, por vezes, submissa. O confucionismo é uma herança contra a qual foi necessário lutar para a implantação do socialismo na China. Pois, pregando a submissão, a obediência cega, regras nas quais o casamento das pessoas era definido de acordo com as conveniências econômicas dos pais, esta religião tinha por função facilitar a ação quase sempre despótica dos poderosos. (BEZERRA, 1984, p. 7).

De acordo com as análises superficiais, a China é apresentada em um sentido diferente daquilo que ela é, ou como resultado da vontade de um partido ou de dirigentes excepcionais etc. Essa percepção deixa de lado as condições históricas de uma verdadeira revolução nas relações de trabalho e de sociabilidade, uma transformação que pressupõe o protagonismo de milhões de pessoas, não só as grandes massas da população urbana e rural em um ímpeto por mudar uma realidade que era adversa às condições de vida da época. Essa mudança representou a encarnação de inúmeras forças sociais e movimentos altamente organizados ao longo do tempo.

No alvorecer da segunda década do novo milênio, a República Popular da China, desde 1949, após a revolução cultural, tornou-se, sem dúvida alguma, a locomotiva de todo o sistema econômico mundial, não é sem razão que os países de economia ocidental passem a trabalhar com propagandas políticas e ideológicas contra essa grande e pulsante nação; eis o que se observa na seguinte colocação: "colocando-a como mais um fracasso socialista engolido pelo capitalismo, seria o mesmo que cair em uma postura ideológica trivial, errônea e anticientífica" (JABBOUR, 2021, p. 14). Assim, é necessário desconstruir esses preconceitos e mostrar essa experiência única, pois retrata o desenvolvimento e a consolidação do movimento da classe trabalhadora mundial, e nos entrega a possibilidade de apreender muito com ela.

A história nos mostra que foi uma mudança social que começou na esfera do trabalho primário, eis o que aponta um historiador desse país:

> La Revolución de China tuvo lugar en una sociedade agraria tradicional em la cual los campesinos se convirtieron em el sujeto revolucionário. Ya sea en las primeras etapas de la Revolución o la guerra, o durante la era de la reconstrucción social y la reforma, los sacrifícios y las contribuciones de la classe agrícola fueron siempre significativos y sus expresiones de vivo espíritu y creatividad dejaron uma profunda impresión em las mentes de las personas. [...] La classe agrícola logro um flerte grado de consciência política mediante la Revolución Agraria (1927-1937) y una transición em el orden social rural. (HUI, 2010, p. 201-202).

Cumpre assinalar que a China apresentava um PIB[43] de 60 dólares per capita antes da Revolução, enquanto as expectativas de vida não passavam de 38 anos. A partir de 1949 tudo cambiara. Em uma sociedade, cuja economia estava fraccionada a ponto de se assemelhar a um verdadeiro mosaico, existia-se interesses totalmente diferentes e não convergentes, os novos dirigentes elaboraram um trabalho totalmente distinto, centralizado nos interesses coletivos.

A ciência alcançou importantes avanços na última década, vemos os cientistas colaborando intensamente para entregarem em tempo recorde soluções aos problemas colocados por nosso tempo. A Covid-19 foi uma pandemia com efeitos globais, a realidade está demostrando com clareza toda a fragilidade de um modo de produção que provavelmente entrou em seu declínio mais acentuado nas regiões ocidentais, incluindo a realidade europeia. Frente a essas circunstâncias, a China e outros países de orientação socialistas saíram desses problemas com organização planejada ao possuírem uma elevada base industrial e capacidades científicas muito além dos países ocidentais. Já em

> 1940, Mao Tsé-Tung afirmou que a cultura deveria ser 'nacional', científica e de 'massas'. Esta definição, aplicada no texto original à 'cultura da nova democracia', foi retomada em inúmeros textos e até mesmo no Programa Comum de 1949; estende-se a todos os domínios abrangidos pelo vocábulo geral de 'cultura', a saber: a arte, as ciências e a educação. 'Nacional' significa que a cultura deve ser concebida por Chineses, para os Chineses e em função das necessidades e das particularidades da China. Daqui saiu a

[43] China consolidou uma organização social na qual o estado atua como condutor do desenvolvimento, fazendo o PIB crescer de 191,1 bilhões em 1980 para 14,7 trilhões de dólares em 2020, esse crescimento não tem paralelo com as economias ocidentais capitalistas. Foi esse processo de desenvolvimento o responsável pela maior mobilidade social em um país.

> palavra de ordem de trabalho independente, 'pelos seus próprios meios', e a recusa de certas formas de auxílio estrangeiro e de colaboração internacional. (HAO-TCHE, 1974, p. 11).

Certamente, essas colocações estão em um contexto da denominada guerra fria com os países ocidentais. Segundo os estúdios mais recentes, hoje, esse país alcançou taxas de crescimento extraordinários e sustentáveis, sua "nova economia do planejamento" possibilitou um estágio superior de desenvolvimento[44] quando comparado com os países capitalistas. Nos dias de hoje, é o principal exportador de bens de consumo e o quinto exportador de bens de serviços. Esse país, como se admite hoje:

> Definitivamente, em 2025 os EUA serão fera ferida. E serão ainda mais se ultrapassados (na paridade cambial) enquanto maior economia do mundo. Perderam para a China a posição de maior parceiro comercial de mais de 100 países. Perderam importância econômica enquanto exportadores, importadores, investidores e financiadores mundiais. (POMAR, 2023, p. 30).

Efetivamente, antes dessa previsão econômica, a China já ultrapassa a economia estadunidense e a dos países europeus, isso representa um grande esforço e conquista social, pois devemos lembrar que outrora:

> A primeira preocupação do novo governo popular voltou-se para recuperar a economia destruída pela guerra, liquidar a inflação, reduzir o desemprego e criar as condições para o desenvolvimento. No campo, ao ser promulgada oficialmente a Lei de Reforma Agrária, em junho de 1950, o novo sistema agrário já havia sido implantado em várias regiões pelo fanshen dos próprios camponeses. Nos dois anos posteriores, foram distribuídos 47 milhões de hectares, ou cerca de 50% das terras cultivadas, entre trezentos milhões de lavradores, cabendo a cada família cerca de 0,4 hectares. Enquanto os camponeses médios continuaram com as parcelas e instrumentos de trabalho que possuíam anteriormente. (POMAR, 1991, p. 83).

Nesse tipo de sociedade onde nada é fixo, os cientistas possuem uma direção objetiva; os seres humanos devem atender às suas necessidades fundamentais e criar condições favoráveis para o desenvolvimento de suas

---

[44] "Além da estreita articulação política, China e Brasil não se propõe simplesmente a doar ou transferir tecnologia, como ocorreu em alguns episódios no contexto euro-americano, mas sim produzir, conjuntamente, tecnologia em grau de inovação" (CUNHA, 2017, p. 21).

potencialidades materiais e espirituais. Um exemplo que ilustra essa colocação é a preocupação com o aumento das forças produtivas a modo de satisfazer todas as necessidades, como um bem de uso e não como um bem de troca, conforme afirma Jabbour (2021):

> Esse sistema apresenta uma série de características estruturais únicas que o tornam superior aos (existentes) sistemas capitalistas (nacionais) no que tange ao desenvolvimento das forças produtivas domésticas (como mostra o crescimento acelerado do PIB e o rápido progresso técnico), articulado às redes financeiras e comerciais globais (JABBOUR, 2021, p. 82).

Além disso, os centros de pesquisa científica[45] e o ensino superior passaram inteiramente à responsabilidade do estado.

Os poderes administrativos procuram não trabalhar com um desenvolvimento quantitativo, mais qualitativo, em todas as esferas da economia existe um planejamento que caminha nessa direção. Também, uma preocupação importante que permeia toda a vida social é que:

> Os estudantes participam ativamente na vida política. Têm direito de voto desde a idade de 18 anos, e são elegíveis para qualquer posto, à excepção da presidência da República (para a qual é necessário ter pelo menos 35 anos). A participação na política não é um direito, mas um dever imperativo. [...] Os estudantes dedicam-se principalmente ao estudo, mas devem fazer algo mais. Deve ser simultaneamente operário, camponeses e soldados [...] A administração escolar deve ainda velar para que disponham de tempos livres. O regulamento do Conselho de Assuntos de Estado sobre a distribuição do tempo de estudo, de trabalho e de vida nos estabelecimentos a escolares a tempo inteiro, publicado a 24 de maio de 1959. (HAO-TCHE, 1974, p. 109-110).

Essa é a grande lição que devemos tirar, pois a literatura burguesa coloca em primeiro plano a importância da educação nas sociedades, porém essa narrativa é uma mera retórica, pois, na realidade, cada vez mais torna-se evidente a gravidade em que se encontra a área educacional na atualidade.

---

[45] A empresa chinesa Semicondutor Manufacturing Internacional Corporation (SMIC) foi capaz de avançar na miniaturização e produzir componentes de mais baixo tamanho apesar das sanções norte-americanas que proibiam a exportação de equipamentos utilizados na produção de chips de alta desempenho e tecnologia. Essa empresa começou a produzir Chips de 7 nanômetros que pode dar o domínio e a hegemonia tecnológica à China.

Figura 8 – Camponesas estudando no intervalo da plantação de arroz durante a Revolução Cultural (1949) na província de Guanxi

Fonte: cemflores.org

Nessa nova forma de organizar as relações de trabalho nota-se que os chineses rejeitam a afirmação de que o lucro é o único motor do desenvolvimento social[46]. Em lugar disso, procura-se realizar um planejamento com que esse seja apenas um método de coordenação e de racionalização, pois o objetivo fundamental é o de melhorar as condições de vida do homem. Portanto, "El socialismo chino, em la práctica, se esforzó por estabelecer um Estado que representara a las masas y los interesses universales de la inmensa mayoria" (HUI, 2010, p. 205). Dessa forma, é possível que todos os membros da sociedade tenham oportunidades de igualdade frente ao desenvolvimento econômico e social; os bens de consumo se tornam cada vez mais disponíveis.

Conforme evidencia a passagem a seguir, a natureza humana e social pode ser completamente transformada dependendo da forma como se organiza a estrutura social. Portanto:

[46] Devemos lembrar que já na década de 50, uns dos objetivos centrais da Revolução Cultural era da melhoria da qualidade de ensino para os estudantes e a educação universal aos ciclos de ensino fundamental, existia um esforço descomunal pelo desenvolvimento científico e tecnológico tanto no campo urbano quanto nas zonas rurais para possibilitar aumentar a produção em grande escala com benefícios coletivos.

> O homem não é, por natureza, nem egoísta nem altruísta. Ele se torna, por sua própria atividade, aquilo que é num determinado momento. E assim, se essa atividade for transformada, a natureza humana hoje egoísta se modificará, de maneira correspondente. (MÉSZÁROS, 2006, p. 137).

A política oficial concede importância vital ao ensino, à investigação científica e, sobretudo, a criar condições favoráveis para que todos os cidadãos e cidadãs possam atingir todo seu potencial intelectual e criativo. Desde a revolução cultural implementou-se um grande esforço por levar essas preocupações ao limite das políticas governamentais. Na Constituição de 1954, pode-se observar que

> O artigo 94: 'Os cidadãos da República Popular da China têm o direito à instrução. Para garantir a fruição desse direito, o Estado cria e desenvolve progressivamente os diferentes estabelecimentos de ensino e outras instituições destinadas à cultura e à educação', e sobretudo o Artigo 95: 'A República Popular da China garante aos cidadãos a liberdade de se consagrarem à investigação científica, à criação literária e artística e outras atividades culturais. O Estado encoraja e defende o trabalhador criador dos cidadãos que se consagrarem às atividades científicas, educativas, literárias, artísticas e outras atividades culturais'. (HAO-TCHE, 1974, p. 15).

Com efeito, o governo central fez esforços consideráveis, principalmente os relacionados ao orçamento para apoiar a investigação científica, também é certo de que tais esforços se revelam bastantes compensadores na atualidade; por exemplo, o domínio da tecnologia 5G[47], motores elétricos, trens operacionais movidos a magnetismo (flutuam no ar), avanços significativos no domínio e da utilização da força do plasma, entre outros. Também, pode-se observar nesse tipo de economia planejada que a ciência da tecnologia tem sido a base da modernização da agricultura, da indústria, da defesa nacional e da capacidade técnica. É preciso lembrar que esse país está fazendo esforços enormes com o meio ambiente, dados recentes sugerem que China contribuiu com 40% na redução mundial de emissões de carbono em 2022.

[47] A Huawei Technologies Co é uma das líderes globais em proporcionar equipamentos de telecomunicações de 5G. Foi criada em 1988 por um oficial do exército de Liberação Popular (Ren Zhengfei), a companhia foi transformada em uma multinacional, líder no setor de comunicações. Hoje, a Huawei fornece seus produtos, além de serviços e soluções para operadoras ao redor o mundo.

Nesse sentido, a preparação do domínio da 5G digital foi um investimento de décadas de trabalho, possibilitando assim seu domínio. Historicamente, as invenções surgem da necessidade de estabelecer soluções criada pelas épocas em que os indivíduos se situam, logo, as forças sociais, no seu conjunto, são mobilizadas para esses propósitos, essa é a principal característica dos países que optaram por organizar a sociedade dentro de um modelo contrário à relação trabalho e capital. Essa nação se situa como uma potência emergente, na qual combina ações diplomáticas dirigidas à preservação da estabilidade econômica e social e às reformas do sistema internacional, procurando consolidar um sistema de equilíbrio entre todas as nações.

Figura 9 – Biblioteca Pública de Tianjin (China)

Fonte: foto de Ossip Van Duivenbode/MVRDV

A ilustração mostra a arquitetura de uma biblioteca pública futurista e um centro cultural localizado na província de Tianjin, no nordeste da China, o governo preocupado em elevar a cultura da população presenteou a seus cidadãos um acervo de 1,2 milhão de livros e literatura universal e científica. Esse centro cultural comporta também espaços culturais para palestras, encontros literários, entre outras atividades culturais.

A partir do final da década de 1970, com as reformas econômicas implementadas por Deng Xiaoping, até 2008, esse país teve economicamente uma impressionante taxa média de crescimento de 9,5% anual, três vezes a média estadunidense e quatro vezes a média europeia, possui uma inflação de 3% anual nas últimas décadas, não se pode negar que é um ritmo espetacular de crescimento. Isso levanta uma observação, a esfera econômica capitalista na sua fase financeira e especulativa cria horizontes de curto prazo, isto é, lucros rápidos e fáceis, ao contrário da economia chinesa, a rota é o investimento produtivo, o desenvolvimento da ciência e a tecnologia a longo prazo.

O poder do estado amplia significativamente a capacidade de intervenção nos setores sensíveis da sociedade, consolidando, assim, benefícios exclusivamente públicos. Por razões análogas, há uma tendência à equalização de oportunidades dos diversos setores profissionais e de trabalho. Portanto, pode-se compreender que 93% da população chinesa tem acesso à internet e aos avanços tecnológicos de vanguarda.[48] Há, por parte das economias ocidentais, uma difusão ideológica de que essa forma de organizar as relações humanas não teve sucesso ou procura-se apagar todos os avanços contínuos e conquistas reais da população, seus defensores advertem para a inutilidade desse modelo econômico e procuram a todo custo tentar deter esse processo que historicamente é irreversível. Não porque seja melhor, mas porque tornou-se uma necessidade para as sociedades poderem solucionar os problemas inerentes às relações de trabalho e capital. Não é sem razão que na atualidade os conflitos internacionais têm chegado a um clima de hostilidades e sanções econômicas inimagináveis, essas colocam as sociedades em uma situação de difícil projeção de vida e futuro, pois se evidencia a ruptura necessária com os modelos tradicionais que se encontram em profundo declínio, eis a nossa realidade.

[48] Em 2021, na Exposição internacional de Importações da China, Xinging Technology, uma companhia localizada na província de Hubei lançou um Chip, denominado "Longying-I". Esse foi o primeiro componente utilizado no transporte de carga pesada de 7 nanômetros inventado e produzido de forma totalmente autônoma nesse país.

Figura 10 – Maiores interlocutores econômicos de investimento na China (US$ em milhões – 2016)

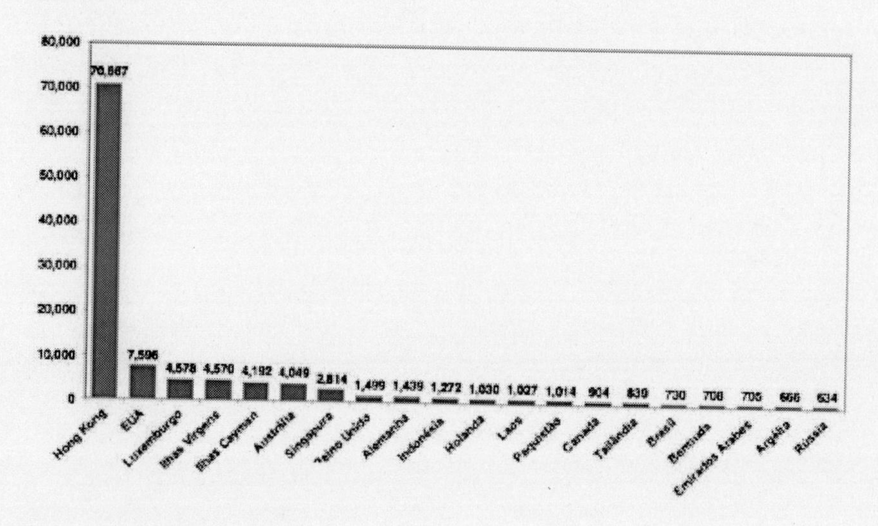

Fonte: CEBC (2016a, p. 10)

A forma de organizar as relações humanas a partir da estrutura não capitalista implica três eixos fundamentais: nacionalização e estatização dos setores produtivos mais vitais (águas, fontes de energia, comunicações, transporte etc.); planejamento econômico; e extinção da propriedade privada dos meios de produção (eles já são sociais, logo, não existe a contradição de serem sociais e seu usufruto privado). Assim, o elevado investimento do estado no nível de escolaridade da população e a existência de uma boa administração de recursos vindos das forças produtivas social têm possibilitado essa nova realidade. Todavia, os investimentos são orientados para finalidades sociais e políticas não apenas pelas leis da acumulação privada da economia capitalista tradicional. China expressa econômica e politicamente o desafio de superar e relegar o pensamento eurocêntrico, pois dentro do pensamento asiático significa um descompromisso com a emancipação e o desenvolvimento humano. A China procura um espaço próprio em prol do coletivo ou países do bloco oriental e euroasiático, reafirmando-se como alternativa às economias ocidentais e europeias na medida em que defende um modelo e interação internacional afincada nos ganhos mútuos, em todas as esferas da vida social. Dessa forma, a elevação dos ganhos econômicos e políticos são deslocados a todos os países que configuram essa nova organização internacional não ocidental, em lugar de uma centralização administrativa, procura-se um poder rotativo a modo de fortalecer a democracia coletiva; portanto, a prosperidade de uns significa o êxito de todos.

Até os anos de 1980 a Revolução Cultural apresentava uma taxa de escolarização de jovens de 96%; não havia comparação desses dados com as sociedades ocidentais, a transformação realizada nos setores da economia influenciara diretamente os outros setores da sociedade, as esferas culturais e educacionais, os setores jurídicos e políticos terão, nesse momento, profundas mudanças em benefício da coletividade.

Todavia, o planejamento visa ausentar toda desigualdade social, o trabalho é distribuído de forma a produzir aquilo que é fundamental para que os indivíduos possam satisfazer as suas necessidades materiais e espirituais no seu conjunto. Neste sentido:

> A figura do processo social da vida, isto é, do processo de produção material, apenas se desprendera do seu místico véu nebuloso quando, como produtor de homens livremente associados, ela ficar sob seu controle consciente planejado. Para tanto, porém, se requer uma base material de sociedade ou uma série de condições materiais de existência, que, por sua vez, são produto natural de uma evolução histórica longa e penosa. (MARX, 1988, p. 76).

Devemos reconhecer que a ciência percorreu um longo caminho para chegar à essa apreciação, como se sabe, esse autor tratou da superação do sistema capitalista ao longo de toda a sua vida, não é sem razão que Engels, diante do falecimento de Marx, em 1883, afirmará que ele tinha descoberto a lei do desenvolvimento da história humana, mas não só isso, descobriu também a lei específica que move o atual modo de produção capitalista e a sociedade burguesa criada por ele e seu desfecho histórico; por isso, ele era tão caluniado e odiado em sua época, porém, as formas socialistas de organizar a sociabilidade humana é uma necessidade de nosso tempo. Isso implica que, para ele, o socialismo não era uma utopia.

Os trabalhadores e trabalhadoras são os artífices diretos pela produção dos produtos que a sociedade consome, possibilitando agregar valor por meio do trabalho social. Nesse caso, eles se apropriam do que produzem, de forma a satisfazer as necessidades fundamentais de sua vida, assim, as necessidades são atendidas visando ampliá-las em benefício da maioria da população.

Portanto, as mudanças históricas são processos inevitáveis do desenvolvimento das relações humanas, é exatamente por essa razão que "o trabalho, como produtor de valores-de-uso é a categoria que funda o ser social. Síntese de subjetividade realidade objetiva natural, o trabalho, por sua natureza, dá origem a um tipo de ser" (TONET; LESSA, 2018, p. 14). Convém ressaltar mais uma vez que as coisas se tornam cada vez mais sólidas; na evolução do comércio exterior chinês não é apenas seu ritmo de crescimento e desenvolvimento das exportações e importações que impressionam, mas também a capacidade, cada vez maior, da agregação de valor à produção voltada à exportação. Por outro lado, há uma preocupação contínua de elevar as condições do bem-estar da população local e nacional. Eis o que aponta um estudioso deste sistema econômico socialista, quando afirma que:

> Os governos dos países de orientação socialista dispõem, em princípio, de um espaço político relativamente amplo e várias ferramentas potencialmente bem direcionadas e aperfeiçoadas para controlar, parar e eventualmente invertera a tendência de aumento da desigualdade. Há duas principais, nenhuma delas é nova, mas seu potencial é frequentemente subestimado. Uma é a consolidação e (uma vez que a recuperação econômica dos setores produtivos disponibilize recursos suficientes) o fortalecimento e a expansão dos serviços públicos prestados fora do mercado, de acordo com os princípios como necessidades e/ou acesso universal. (JABBOUR, 2021, p. 133).

Com base nessa passagem, torna-se possível compreender por que esse país está alterando a disposição global geoeconômica e geopolítica, no ocidente ainda não se percebeu essa nova realidade que está emergindo, o poder tradicional encontra-se em profundo declínio e com expectativas irreversíveis. Os predicados dos países ocidentais e europeus estão impotentes e insistem em subestimar tais mudanças que estão em curso. Um passo decisivo foi a criação do bloco dos BRICS[49], em 2006, que surgiu como um mecanismo internacional de cooperação econômica, social, cultural e científica de desenvolvimento configurado pelos cinco países que tinham

[49] "Sigla usada para designar os quatro principais países emergentes do mundo: Brasil, Rússia, Índia e China. Foi criada em 2001 pelo economista inglês Ji O'Neill, do grupo financeiro Goldman Sachs. [...] Segundo especialistas, na década de 2010, a China deve disputar com os Estados Unidos a liderança da economia mundial. Índia, Brasil e Rússia, apesar das dificuldades econômicas e sociais que ainda enfrentam, devem alcançar o nível econômico de países que compõem a União Europeia, como França e Alemanha. Atualmente, os Brics se fortaleceram com acordos, mas não formam um bloco político ou econômico, como a União europeia" (MELHORAMENTOS, 2010, p. 33).

alcançado as melhores taxas de crescimento econômico em escala mundial e estavam referenciados em políticas de democracias populares bastante amadurecidas. Consequentemente, muitos analistas visualizam a negação e a superação do sistema capitalista na estrutura sócio-histórica específica. Dados demonstram que as próprias condições atuais favorecem o surgimento de um poder multipolar e de consenso. Em uma colocação acertada, um eminente pesquisador assim se refere:

> Em muitos casos, a China já tem a maior economia do planeta e está de volta ao cenário mundial como uma grande potência. [...] Em suma, a era da reforma da China já parece um dos maiores eventos da história mundial. Este capítulo final que obviamente só pode oferecer um julgamento provisório. (WOOD, 2022, p. 19).

Seria impossível negar essas observações que caminham em sentido assertivo de nossa realidade contemporânea. Na realidade, é uma afirmação que condensa todo um período histórico de transformações constantes e de interesse coletivo, parece muito mais plausível que essas mudanças continuem em ritmo cada vez mais crescente e contínuo.

Após mais de 30 encontros diplomáticos, iniciados no final de 2011, quando foi introduzida a ideia de Parceria Econômica Global Abrangente (RECP), os 15 países integrantes firmaram o acordo comercial Ásia-Pacífico, incluindo a área Euro-Atlântica. Esse novo bloco econômico corresponde a mais de 30% do PIB mundial e quase 1/3 da população mundial, além de reunir muitas das maiores e mais avançadas economias da região de eurásia, as quais deixaram diferenças geopolíticas de lado para possibilitar tal acordo. O mesmo foi finalmente assinado em 15 de novembro de 2020. O RCEP foi concebido como um aumento de influência da China na região e tem como objetivo central reduzir progressivamente as tarifas de importação entre os países nos próximos anos e permitir o desenvolvimento técnico-científico em todos eles, é uma integração crescente; os EUA, Inglaterra, França e Alemanha não serão incluídos nesse bloco econômico.

Portanto, são acordos assinados e edificados sobre a premissa fundamental de desenvolvimento e cooperação de acordo com a lógica interna de cada país-membro, ou seja, as partes pedem a todos os estados que procurem o bem-estar para todos e, com esses objetivos, procurar-se-á delinear diálogos e a confiança mútuos, também, deve-se procurar fortalecer a diplomacia recíproca, defender os valores humanos como a paz, igualdade, justiça, democracia e liberdade, respeitar os direitos dos povos de definir independentemente os caminhos de desenvolvimento de seus países e a soberania e cidadania, e o mais importante, buscar a multipolaridade.[50] China aparece como uma sociedade que contempla um excelso de realizações bem-sucedidas. Com efeito, por meio do estado, China, hoje, proclama-se como um país de socialismo de mercado. Essa instituição impulsiona reformas que invertem a natureza do sistema social no país, ou seja, se na sociedade capitalista o estado aparece como um instrumento de dominação de uma classe sobre a outra, aqui seu papel torna-se um equalizador da riqueza social coletiva. Nesse sentido, atua como um representante de toda a sociedade e não de um segmente restrito como nas sociedades ocidentais. Mészáros (2007) escreve com muita propriedade que:

> Somente um engajamento crítico — *e autocrítico* — genuíno no curso da transformação histórica socialista pode produzir o resultado sustentável, proporcionando os *corretivos necessários* conforme as condições se modificam e demandam a resolução de seu desafio. Marx o evidenciou com ampla clareza desde o início quando insistiu que as resoluções socialistas não deviam esquivar-se de criticar a si mesma "com impiedosa consciência" para que fossem capazes de alcançar seus objetivos emancipatórios vitais. (MÉSZÁROS, 2007, p. 29-30, grifos do autor).

Efetivamente, no contexto de hoje torna-se fundamental a alternativa de uma produção planejada e organizada dada a crise estrutural das economias ocidentais, torna-se célere hoje, mais do que nunca, e visível por toda parte. Segundo um estudioso desse processo, Jabbour (2010), observa que: "A China reivindica a natureza socialista do seu processo de desenvolvimento. Mais do que isso, o país e seu partido [...] sintetizado num chamado 'socialismo de mercado'" (JABBOUR, 2010, p. 123). Por outro viés, está em curso uma nova forma de organizar as relações humanas, onde a divisão social do trabalho consiga destruir essa separação do trabalho manual e

[50] A convite diplomático do Presidente da República da China, Xi Jinping, na cerimônia de abertura da XXIV Olimpíada de inverno, a Federação Russa, representada pelo seu presidente, Vladimir, V. Putin, em 2022 assinaram esses importantes acordos. Todavia, as partes procuram avançar de forma a vincular os planos de desenvolvimento para União Econômica da Eurásia e a Iniciativa do Cinturão e Rota com a possibilidade de intensificar a cooperação entre a UEA e a China em diversas áreas e promover uma ampla interconexão entre a Ásia-Pacífico e as regiões de Eurásia.

o trabalho intelectual. Os próprios sistemas de ensino convergem para a formação de seres humanos que possibilitem pensar a realidade e pensar-se nessa realidade com a potencialidade de sua transformação em benefício do coletivo. Portanto, o projeto de sociedade e das esferas que a compõem caminham com objetivos claros e definidos pela própria sociedade, torna-se necessária sua alteração ou correção, são os próprios sujeitos da ação que a realizaram e, principalmente, como enuncia de forma lúcida Weber (2023): "O Estado manteve o controle sobre os 'setores estratégicos' da economia chinesa quando passou do planejamento direto para a regulação indireta com a participação estatal no mercado" (WEBER, 2023, p. 390). Por isso, vale ressaltar que a China obteve amplo sucesso com as economias que participam nos núcleos de sua influência. Trata-se de um sistema político e econômico que defende um poder de igualdade social e de divisão de riqueza totalmente distinto ao modelo tradicional ocidental e europeus. No quadro a seguir pode-se observar os associados comerciais.

Figura 11 – Dinamismo da economia chinesa com os parceiros comerciais, incluindo Brasil

Fonte: http://www.shutterstock.com

Quem estuda atentamente esse país aponta que o desenvolvimento de todos esses países, tendo como eixo principal o intercâmbio econômico, está excluída a possibilidade de monopolizar o comércio de bens e serviços, a propriedade intelectual, comércio eletrônico etc., as descobertas que nasçam dessa parceria, os benefícios devem abranger todos os membros do bloco, sem excluir nenhum de seus participantes.

Ao mesmo tempo que toda a administração central é uma representação da e para a sociedade, a mesma tem o papel de coordenar a produção, por exemplo:

> No fim de 2010, já existiam cerca de 25 mil cooperativas na China, abrangendo mais de 21 milhões de famílias. Estimativas recentes apontam que 32 milhões de camponeses são membros de cooperativas agrícolas (orientadas para o mercado). No início de 2010, a gigante Federação Chinesa de Cooperativas de Abastecimento representa cerca de 22 mil cooperativas primárias de suprimentos as quais reivindicam 160 milhões de membros. [...] A China possui uma rede de cooperativas rurais de crédito amplamente dispersa, com 200 milhões de famílias participantes. Também conta com cooperativas de artesanato organizadas na vanguarda da Federação Chinesa de Artesanato e Cooperativas Industriais. (JABBOUR, 2022, p. 165).

Efetivamente, a produção, ao ser planejada, procura-se fortalecer a produção coletiva a modo de satisfazer as necessidades humanas no seu conjunto, não existe um interesse para satisfazer as necessidades do mercado como acontece na sociedade capitalista. Assim,

> [...] isso implicará uma mudança radical na natureza da produção, ou seja, ela já não estará voltada para atender à reprodução do capital (valores de troca), mas para atender as necessidades humanas (valor de uso) (TONET; LESSA, 2018, p. 15).

Também, leva a um plano superior na política dos direitos dos cidadãos e das cidadãs.

Assim, os direitos dos indivíduos são garantidos por lei, os direitos materiais, culturais e de outros bens e valores sociais estão intimamente relacionados. A sociedade socialista[51] continuamente cria condições mais

[51] "O socialismo não passa, neste sentido, de uma espécie de reflexo invertido do capitalismo, que espelha as suas contradições e as possibilidades que sua evolução vai abrindo. O método para construir cientificamente o conceito de socialismo – convém insistir – em cada lugar e em cada momento – consiste em perscrutar as tendências concretas de evolução do sistema a ser superado" (SINGER, 1985, p. 17).

favoráveis à consolidação e à prosperidade da família, uma vez que as relações familiares não são afetadas por depressões ou dificuldades econômicas, todavia, existe um conjunto de medidas econômicas apontado para a consolidação da família e a proteção da maternidade e educação em todos os níveis de ensino. Em suma:

> É com fúria que se combatem os "Quatro Velhos": velhos hábitos, velha cultura, velhas ideias e velhos costumes. A luta pelo desenvolvimento se propõe a destruir as superestruturas remanescentes do poder burguês (BEZERRA, 1984, p. 73).

Outro ponto importante a destacar é que a base econômica nacional constitui o fator fundamental das garantias dos direitos do homem. A cooperação entre os membros do partido central e a interajuda socialista, de que os trabalhadores livres da exploração dão provas durante a produção, originam a necessidade e o interesse pelo exercício pleno e exato dos direitos e liberdades. Como foi assinalado, o modo de produção socialista, assentado na propriedade social dos meios de produção, determina o respectivo sistema econômico, que liberta os cidadãos da exploração, das crises econômicas, do desemprego e da miséria etc. No que se refere ao sistema capitalista: "a produção não é organizada com o objetivo de atender às necessidades nem do trabalhador [...] Os proprietários do capital organizam a produção com a finalidade de produzir bens que, devem ser vendidos no mercado" (BASTOS, 1989, p. 15).

Por outras palavras, é impossível, portanto, negar esse objetivo primário das relações econômicas na sociedade moderna, é uma lei de preservação do capital.[52]

É importante assinalar que essa forma de organizar a sociabilidade humana nem sempre existiu; logo, inevitavelmente terá que ser superada pelos próprios indivíduos que configuram essa sociedade; no entanto, não porque ela seja desumana ou injusta, mas por uma necessidade social, pelo modo de resolver os problemas que surgem dessa relação conflituosa. Não se pode burlar a história se os seres humanos tentam produzir alguma solução que esteja muito distante da vida real, ou querer solucionar uma tarefa, embora as condições objetivas ainda se encontrem em fase de amadurecimento, suas

52 "Também o capitalista tem a obrigação vital de fazer aumentar o seu capital, isto é, de comprar o trabalho dos trabalhadores. São esses dois elementos principais da lógica do sistema, os elementos em torno dos quais se organizam as relações sociais, e entre outras essa relação particular que assume a forma de trabalho assalariado" (BELLON, 1975, p. 17).

tentativas fecharam-se em um fracasso; assim, a relação trabalho e capital demanda, em nosso tempo, sua plena resolução.

Nesse cenário histórico, a China tornou-se protagonista relevante nesse sistema mundial cada vez mais multipolar. Ela organizou-se em uma estratégia de usar e aproveitar o capital, tecnologia, mercados, comunicação de massa etc., para construir uma nova forma de organizar as relações de trabalho e, sua antítese do capitalismo, novamente, devemos observar que esse processo de transformação social não ocorrerá de modo harmonioso ou tautócrono, mas, sem dúvida, nenhuma aponta em direção a uma nova organização social, o socialismo. Desde uma outra perspectiva, cabe observar o seguinte trecho de um cientista social:

"UMA SOCIEDADE SEM EXPLORAÇÃO"

A sociedade capitalista repousa sobre a exploração do trabalho. É a mais-valia, o valor criado pelo trabalhador e não remunerado, que alimenta a acumulação de capital. Mas o que poderia ser uma sociedade sem exploração?

Uma sociedade sem exploração é, antes de tudo, uma sociedade do trabalho, uma sociedade em que todos tenham garantido o direito ao trabalho, vivam do seu trabalho. Isto significa que, de alguma forma, todos se tornem trabalhadores e ninguém viva da exploração do trabalho alheio.

Uma sociedade desse tipo elimina a exploração, fazendo com que ninguém possa viver do trabalho dos outros. Significa que ninguém disponha do privilégio de possuir capital, negando à grande maioria. Assim, as máquinas, instalações, matérias-primas — isto é, os meios de produção — não poderia ser propriedade privada, mas propriedade democrática do conjunto da sociedade.

Uma sociedade desse tipo se choca frontalmente com o capitalismo, que se apoia estruturalmente na propriedade privada dos meios de produção, o que significa a separação entre capital e trabalho. Esta separação implica em que a maioria tenha acesso a capital — sob qualquer forma de dinheiro ou de empresas, industriais, agrárias, comerciais ou de outro tipo —, e a grande maioria, dispondo apenas de seus braços para sobreviver, seja obrigada a submeter-se à exploração do capital.

Este tipo de sociedade tem o nome de socialismo, baseando-se na socialização dos meios de produção, na decisão coletiva, tomada democraticamente, a respeito do que produz, quanto produz, por que preço produzir, quanto produzir, por que preço produzir, para quem produzir. Numa sociedade desse tipo elimina-se não apenas a exploração, como a alienação, fazendo-se do trabalho humano não um instrumento de sobrevivência, mas de liberdade e de emancipação" (SADER, 2000, p. 75-77).

Uma concepção de mundo é alicerçada sobre a forma como se organiza essa comunidade no mundo de seu trabalho, em um contexto histórico específico, produz a totalidade dos bens necessários para que essa sociedade consiga prolongar a existência humana na sua forma material e espiritual, não há outra forma para os seres humanos conseguir e manter a sua existência; portanto, o ser individual é uma projeção do social e vice-versa. Nas sociedades do capitalismo vigente sabemos que resulta difícil que as pessoas consigam transferir para sua prática o atendimento de suas necessidades fundamentais e educacionais, mas, resulta inescrutável em algumas situações, atender às condições básicas de sobrevivência na sua existência do cotidiano ou, como endossa, acertadamente Carnoy (2009), quando diz:

"O DILEMA DEMOCRÁTICO"

Podemos formular o problema de outra maneira. Desde as primeiras discussões filosóficas a respeito do capitalismo, o 'livre mercado', definido como epítome da livre expressão humana, enquadrou o debate sobre o que pode e deve ser feito dentro do contexto da democracia política. Quando os militares chilenos derrubaram a democracia política do país, instalando uma ditadura, eles promoveram a política econômica do *laissez-faire*. Muitas pessoas no Chile, assim como os defensores do livre mercado nos Estados Unidos, sustentaram que essa política era equivalente ao restabelecimento de uma sociedade verdadeiramente 'livre', pois a liberdade econômica (leia-se mercados não regulamentados) é a forma suprema da liberdade humana. Portanto, o movimento na direção da opção educacional, do controle pelos pais das escolas, da centralidade e da privatização estava em consonância com essa versão de ideias democráticas: quanto menos intervenção do Estado, melhor.

No entanto, há fortes indícios de que os mercados não regulamentados e o sistema de educação de mercado podem ser incompatíveis com a ideia de maior benefício para mais indivíduos. Além disso, em termos de obtenção de progresso humano, felicidade e, mais modestamente, da melhoria da aprendizagem dos estudantes em escolas, eles podem ser simplesmente ineficientes e injustas. (CARNOY, 2009, p. 72-73).

Efetivamente, o autor ilustra de uma forma inequívoca as contradições que nascem das relações de trabalho e se estendem a todo o plano da vida social. Os indivíduos se enfrentam a fatores que impelem a uma situação de vulnerabilidade e privações entre os contextos sociais. É nesse contexto que surge a necessidade da transformação e emancipação humana de uma forma real. Assim, por sua vez: "O socialismo complementa a distribuição da educação em massa e de outros serviços sociais melhor que o individualismo e a competitividade louvada pelas sociedades capitalistas democráticas" (CARNOY, 2009, p. 73). A dimensão mais importante e potencialmente valorizada nessa nova forma de organizar as relações de trabalho é a educação, pois ela desempenha um papel fundamental na visão social de mundo dos indivíduos que vivenciam essa realidade, desse modo, é possível enfrentar as manifestações de dissenso ideológico da literatura burguesa.

Por outro lado, procura-se elevar o nível cultural da consciência social a modo de reconhecer a necessidade de distanciar-se do fundamento das sociedades ocidentais que implica a exploração do trabalho alheio. A integração do trabalho social torna-se uma prioridade não temporária das sociedades socialistas contemporâneas e, sobretudo, a consolidação do sistema que socialize os meios de produção definitivamente.

CONCLUSÕES

Resulta paradoxal que ao percorrer este longo caminho para se chegar a algum desfecho mais perguntas surgiram sobre o tema discutido. Seria impossível, diante da versatilidade de enfoques e argumentos, querer oferecer um epílogo, pois seria querer negar o próprio objetivo deste livro. É visível que ninguém escreve sem um propósito, esta pequena contribuição foi produzida com o intuito de despertar a atenção de uma nova realidade que está emergindo diante de nossos olhos, pois evidencia que estamos chegando a uma nova dimensão civilizatória a partir da qual estamos encerrando um ciclo do passado do capitalismo como um momento sombrio de nossa história e onde coloca possibilidades da transformação necessárias e de uma emancipação prioritária que o momento atual nos coloca.

Atualmente, está se fechando um ciclo histórico dramático para a humanidade, está em curso um declínio irreversível das economias ocidentais e, em seu lugar, vê-se emergir forças renovadoras de sociabilidade humana em que a maioria dos povos está aderindo. As culturas orientais requerem admiração e compreensão dos povos do mundo todo, pois, ao longo de sua história, viveu imposições enormes, viu seus descendentes nas duas guerras mundiais morrerem de fome e privações severas, invasões estrangeiras que reduziram drasticamente os resultados dos esforços despendidos. Mas soube como ninguém se revelar, se insurgir e recomeçar.

Finalmente, no limiar do século XXI, a China, ao longo de seu processo histórico, conquistou uma revolução que apagou dela os três insignes infaustos: a expropriação do trabalho alheio, a opressão entre as classes sociais e a exploração de uma classe sobre outra. Certamente, outras contradições germinarão, porém, outras formas de superação também florescerão. Além disso, é importante acompanhar por um tempo mais longo a transição do estágio inicial do socialismo para uma fase superior de organização social, política, econômica e cultural. Nada na sociedade se assenta na singularidade. Gradativamente, essas circunstâncias tão novas na história fornecem seu tempero de esperanças para as gerações presentes e de futuro, é um tempo único e peculiar no desenvolvimento de todas as sociedades, essas qualidades resultam inéditas para nosso cotidiano e, certamente, ninguém pode ficar ilibado.

REFERÊNCIAS

ADAS, Melhem. **Geografia da América**: aspectos da geografia física e social. Editora: Moderna. São Paulo, 1982.

AQUINO, Rubim, *et al*. **História das sociedades**: das comunidades primitivas às sociedades medievais. Livro Técnico, Rio de Janeiro, 1980.

AMARAL, José Roberto Lapa do. **O Sistema Colonial**. Série Princípios. São Paulo. Editora: Ática, 1991.

ARAÚJO, Silvia Maria de. **Sociologia**: um olhar crítico. 1. ed. São Paulo: Contexto, 2011.

ARROYO, Miguel G. **O direito do trabalhador à educação**. Trabalho e Conhecimento: dilemas na educação do trabalhador. 6. ed. São Paulo: Cortez, 2012.

ARRUDA, Reinaldo. Que democracia? Representação e participação indígena. *In*: BERNARDO, Teresinha; TÓTORA, Silvia (org.). **Ciências Sociais na Atualidade**: percursos e desafios. São Paulo: Cortes, 2004. p. 115-125.

BASBAUM, Leôncio. **História Sincera da República**: de 1930 a 1960. São Paulo: Alfa Ômega, s. d.

BASBAUM, Leoncio. **História Sincera da República**: das origens a 1889. Editora: Fulgor Limitada. 3. ed. São Paulo, 1967.

BASTOS, Vânia Lomônaco. **Para entender a economia capitalista**. Rio de Janeiro: Ed. Universidade de Brasília, 1989.

BEAUD, Michel. **História do capitalismo**: de 1500 aos nossos dias. Tradução de José Vasco Marques. Lisboa: Editorial Teorema, LDA, 1981.

BELLON, Bertrand. **Desemprego e Capital**. Tradução de Manuela Vargas, editada pelo Departamento de Economia Política da Universidade de Vincennes/Paris VIII. Porto, 1975.

BENJAMIN, Walter. **O capitalismo como religião**. Tradução de Nélio Schneider; Renato Ribeiro Pompeu. 1. ed. São Paulo: Boitempo, 2013.

BEZERRA, Holien G. **A revolução chinesa**. Campinas: Editora Unicamp, 1984.

BOSI, Alfredo. **Dialética da colonização**. São Paulo: Companhias das Letras, 2000.

CANÊDO, Letícia Bicalho. **A descolonização da Ásia e África**: processo de ocupação colonial: transformações sociais na colônia: movimentos de libertação. Campinas: Editora Unicamp, 1986.

CARNOY, Martin. **A vantagem acadêmica de Cuba**: por que seus alunos vão melhor na escola. Tradução de Carlos Szlak. São Paulo: Editora Ediouro, 2009.

CARVALHO, Laertes Ramos. **As referências Pompalinas da instrução Pública**. São Paulo: Saraiva, Ed. USP, 1978.

CHASIN, J. **Marx**: estatuto ontológico e resolução metodológica. São Paulo: Boitempo, 2009.

CHIAVENATO, Juli J. **O negro no Brasil**: da senzala à abolição. São Paulo: Editora Moderna, 1999.

CUNHA, Guilherme Lopez. **As relações Brasil-China**: Ciência, Tecnologia no século XXI. 2017. 287f. Tese (Doutorado em Economia, Política Internacional) – Universidade Federal de Rio de Janeiro, 2017.

COLOMBO, Cristóvão. **Diário da Descoberta da América**. Tradução de Milton Person. Porto Alegre: Ed. L.P.M. S/A, 1987.

COUTO, Domingo Loreto de. **Desagravos de Brasil e Glórias de Pernambuco**. Recife: Fundação Cultural de Recife, 1981.

DAVISON, James West. Uma Breve História dos Estados Unidos. Tradução de Janaína Marco Antônio. 2. ed. Porto Alegre: Editora: L & PM, 2016.

ELIOT, Thomas Stearns. Notas para a definição de cultura. Tradução de Eduardo Wolf. Editora: Realizações. São Paulo, 2011.

ESCOBAR, Oscar Edgardo N. **Sobre a universidade**: O declínio da sociedade atual. 1. ed. Maringá: Editora Viseu, 2022.

____. **Sobre as universidades**: das origens à contemporaneidade. Lisboa: Editora Chiado, 2015.

____. **A produção da vida quotidiana num mundo em declínio**. Lisboa: Editora Chiado, 2014.

ENGELS, F. **Do socialismo utópico ao socialismo cientifico**. São Paulo: Editora Morais, s/d.

ENGELS, Friedrich. **A dialética da Natureza**. Tradução de Nélio Schneider. 1. ed. São Paulo: Boitempo, 2020.

FINE, Bem; SAAD FILHO, A. **O capital de Marx**. Tradução de Bruno Hofig *et al.* São Paulo: Editora Contracorrente, 2021.

FLORESTAN, Fernandes. **Que tipo de república?** 2. ed. São Paulo: Editora Globo, 2007.

FREITAG, Barbara. **Escola, Estado e Sociedade**. 4. ed. São Paulo: Editora Moraes, 1986.

FONER, Eric. **Nada além da liberdade**: a emancipação e seu legado. Tradução de Luiz Paulo Rouanet. Rio de Janeiro: Paz e Terra, 1988.

GATTI, Bernardete Angelina. **A construção da Pesquisa em Educação no Brasil**. 3. ed. Brasília: Liber Livro Editora, 2010.

GHISOLFI, Juliana de Couto. **Políticas de Educação Superior Norte-Americanas**. São Paulo: Cortez, 2004.

GHIRALDELLI, JN. Paulo. **História da Educação**. São Paulo: Cortez, 1990.

GOETHE, J. Wolfgang. **Os sofrimentos do jovem Werther**. Tradução de Marcelo Backes. Porto Alegre: Editora Coleção L&PM Pocket, 2004.

GOMES, Laurentino. **Escravidão**. Do primeiro leilão de cativos em Portugal até a morte de Zumbi dos Palmares. 1. ed. v. 1. Rio de Janeiro: Globo Livros, 2019.

HAO-TCHE, Tsien. **O ensino superior e a investigação científica na China Popular**. Tradução de Conceição Jardim e Eduardo Lúcio Nogueira. Lisboa: Editorial Presença, 1974.

HUBERMAN, Leo. **História da riqueza do homem**. 21. ed. Tradução de Waltensir Dutra. Rio de Janeiro: Editora LTC, 1986.

HUI, Wang. China, o fin de la Revolución. **Crítica y Emancipación**: Revista Latinoamericana de Ciencias Sociales, ano 2, n. 4, CLACSO, segundo semestre, 2010.

JABBOUR, Elias A. G. **China**: o socialismo do século XIX. 1. ed. São Paulo: Boitempo, 2021.

KARNAL, L. *et al.* **História dos Estados Unidos**: das origens ao século XXI. 2. ed. São Paulo: Editora Contexto, 2008.

KARNAL, Leandro. **Estados Unidos**: a formação da nação. 5. ed. São Paulo: Editora Contexto, 2022.

KYNGE, James. **A China sacode o mundo**: a ascensão de uma nação com fome. Tradução de Helena Londres. São Paulo: Editora Globo, 2007.

KOURGANOFF, Wladimir. **A face oculta da universidade**. Tradução de Cláudia Schilling e Fátima Murad. São Paulo: Editora Universidade Estadual Paulista, 1990.

LESSA, Sergio. **A Ontologia de Lukács**. Maceió: Editora Edufal, 1996.

LIBBY, Douglas Cole. **A escravidão no Brasil**: relações sociais, acordos e conflitos. 2. ed. São Paulo: Moderna, 2005.

LUZURIAGA, Lorenzo. **História da Educação e da Pedagogia.** Tradução de Luiz Damasco Penna. 19. ed. São Paulo: Companhia Editora Nacional, 2001.

MATOSSO, Katia. **Ser escravo no Brasil**. 3. ed. São Paulo: EPU, Ed. da USP, 1974.

MARX, Karl. **O Capital**: crítica da economia política. V. I – Livro Primeiro. Tradução de Regis Barbosa e Flávio R. Kothe. 2. ed. São Paulo: Nova Cultural, 1985.

MARX, Karl. **O Capital**: critica da Economia Política. 3. ed. São Paulo: Editora Nova Cultura, 1988. v. 1.

MARX, Karl; ENGELS, Friedrich. **Sobre a literatura e a arte**. Lisboa: Editora Estampa, 2008.

MARX, Karl; ENGELS, Friedrich. **A Guerra Civil dos Estados Unidos**: seleção dos textos Murillo Van der Laan. Tradução de Luiz Felipe Osório. 1. ed. São Paulo: Boitempo, 2022.

MARX. K.; ENGELS, F. **Obras Escolhidas**. v. 1. São Paulo: Editora Alfa-Omega, s/d.

MELHORAMENTOS. **Saber já em poucas palavras**: política e economia. Rio de Janeiro: Editora Melhoramento, 2010.

MELHEM, Adas. **Geografia da América**: Aspectos da Geografia Física e Social. Ed. Moderna. São Paulo, 1982.

MESGRAVIS, Laima. **História do Brasil colonial**. São Paulo: Editora Contexto, 2015.

MÉZSÁROS, István. **A crise estrutural do capital**. Tradução de Francisco Raul Cornejo *et al.* 2. ed. São Paulo: Boitempo, 2011.

MÉSZÁROS, István. **O desafio e o fardo do tempo histórico**. São Paulo: Boitempo, 2007.

MÉSZÁROS, István. **A teoria da alienação em Marx**. São Paulo: Boitempo Editorial, 2006.

MÉSZÁROS, István. **A educação para além do capital**. São Paulo: Boitempo, 2008.

MICELI, Paulo. **História Moderna**. Editora: Contexto. São Paulo, 2013.

MIDDLETON, Richard. **A guerra da Independência dos Estados Unidos da América**: 1775 – 1783. Editora: Madras, 2013.

MOUSNIER, Roland. **Os séculos XVI e XVII** – História das civilizações, vol. IV. São Paulo. Editora: Difel, s/d.

NAGLE, Jorge. **Educação e Sociedade na Primeira República**. São Paulo: EPU, Ed. da USP, 1974.

MANACORDA, Mario Alighiero. **Marx e a Pedagogia Moderna**. 2. ed. São Paulo: Cortez, 1996.

NÓBREGA, Manuela da. **Carta do Brasil e Demais Escritos**. Universidade de Coimbra, Coimbra, 1955.

NOVAIS, Fernando A. **Estrutura e Dinâmica do Antigo Sistema Colonial**. 2. ed. São Paulo: Brasiliense, 1975.

PONCE, Aníbal. **Educação e Luta de Classes**. Tradução de Camargo Pereira José Severo de. 22. ed. São Paulo: Cortez, 2007.

PAIVA, Jose Maria. **Colonização e Catequese**. São Paulo: Ed. Cortez, 1981.

PASTERNAK, Natalia. **Contra a realidade**: A negação da ciência, suas causas e consequências. 1. ed. Campinas: Editora Papirus 7 Mares, 2021.

PRADO JR., Caio. **História Econômica do Brasil**. 11. ed. São Paulo: Brasiliense, 1969.

PRADO, Maria Ligia e GABRIELA, Pellegrino. **História de América Latina**. São Paulo: Editora: Contexto, 2014.

PILETTI, Claudino. **História da educação**: de Confúcio a Paulo Freire. São Paulo: Contexto, 2012.

POMAR, Milton. **O sucesso da China Socialista: 1949 – 2025**. Editora: Insular. 1. ed. Florianópolis, Santa Catarina, 2023.

POMAR, Wladimir. **A miragem do mercado.** Editora: Brasil Urgente. São Paulo, 1991.

____. **A Revolução Chinesa.** 1ª impressão. São Paulo: Unesp, 2003.

PROTA, Leonardo. **Um Novo Modelo de Universidade.** São Paulo: Editora Convívio, 1987.

OLIVEIRA, Francisco. **A Economia Brasileira:** crítica à razão dualista 1. ed. Rio de Janeiro: Vozes, 1977.

OLIVEIRA, Francisco de. (1972). **A economia brasileira**: crítica à razão dualista. 1. ed. Petrópolis: Vozes, 1981.

RIBEIRO, Darcy. **A Universidade Necessária**. São Paulo: Editorial Estampa Ltda, 1975.

REIBEIRO Santos, M. L. **História da Educação Brasileira**: a organização escolar. São Paulo: Cortez, 1989.

REIS, João José; GOMES, Flávio dos Santos (org.). **Revoltas escravas no Brasil**. 1. ed. São Paulo: Companhia das Letras, 2021.

REIS Filho, Casemiro dos. **A Educação e a Ilusão Liberal**. São Paulo: Cortez, 1981.

ROMANELLI, Otaíza de Oliveira. **História da Educação no Brasil**. 9. ed. Petrópolis: Vozes, 1987.

ROSSATO, Ricardo. **Universidade**: nove séculos de história. Editora: UPF. Passo Fundo, Rio Grande do Sul, 2005.

RUBIÃO, André. **História da Universidade**: geneologia para um "Modelo Participativo". Coimbra: Edições Almedina, 2013.

SADER, Emir. 7 **Pecados do Capital**. SADER, Emir (org.). Rio de Janeiro: Editora Record, 2000. p. 59-77.

SANTOS, Carlos Roberto Antunes dos. **Vida Material e Econômica**. Curitiba: Ed. SEE, 2001.

SANTOS, Milton. **O espaço do Cidadão**. São Paulo: Nobel, 1987.

SAVIANI, Demerval. **História das ideias pedagógicas no Brasil**. 3. ed. Campinas: Ed. Autores Associados, 2010.

SINGER, Paul. **O que é socialismo hoje**. 6. ed. Petrópolis: Editora Vozes, 1985.

SÓDRE, Nelson. W. **A Formação Histórica do Brasil**. 8. ed. São Paulo: Brasiliense, 1973.

SOUZA, Renildo. **Estado e Capital na China**. Salvador: Editora EDUFBA, 2018.

STADEN, Hans. **Viagem ao Brasil**. Tradução de Alberto Lofgren. Petrópolis: Editora: Vozes, 2021.

SWEEZY, M. Paul. **Do Feudalismo ao Capitalismo**. Tradução de Manuel Vitorino Duarte. Lisboa: Publicações Dom Quixote, 1978.

ROMANELLI, Otaíza Oliveira de. **História da Educação no Brasil (1930-1973)**. 9. ed. Petrópolis: Vozes, 1987.

TODOROV, Tzvetan. **A Questão da América**: a questão do outro. Tradução de Beatriz Perrone Moisés. 2. ed. São Paulo: Martins Fontes, 1999.

TONET, Ivo; LESSA, S. **A grande Revolução Russa (1971-1921)**. Maceió: Editora Coletivo Veredas, 2018.

TREVISAN, Cláudia. **China**: O renascimento do império. São Paulo: Editora Planeta do Brasil, 2006.

VASAPOLLO, Luciano. **A Europa do Capital**: transformações de trabalho e competição global. Tradução de Maria de Jesus Brito Leite. São Paulo: Xamã, 2004.

WEBER, M. Izabella. **Como a China escapou da terapia de choque**: o debate da reforma de mercado. Tradução de Diogo Fernandes; revisão técnica de Elias Jabbour. 1. ed. São Paulo: Boitempo, 2023.

WILLIAMS, Eric. **Capitalismo e Escravidão**. Tradução de Denise Bottmann. 1. ed. São Paulo: Companhia das Letras, 2012.

WOOD, S. Gordon **A Revolução Americana**. Tradução de Michel Teixeira. Rio de Janeiro: Editora Objetiva, 2013.

WOOD, Michael. **História da China**: o retrato de uma civilização e de seu povo. Tradução de Jennifer Coppe e Carolina Pompeo. São Paulo: Editora Planeta, 2021.